さて，小学校で平行な直線を学習しました。

平行な2本の直線はどこまで伸ばしても交わることはありません。

しかし，それは真実でしょうか。

2本の直線が同じ方向に伸びていってしまったとします。

平行な直線の定義から，途中で交わることはありませんが，

「平行な2本の直線が交わるような場面はありえないのだろうか」

という疑問から，新しい幾何学——「非ユークリッド幾何学」が

生まれることになるのです。

地動説を唱えたガリレオ・ガリレイは「懐疑は発明の父である。」

という言葉を残しています。天動説を否定する彼の考えは異端と

されました。

この世界に当たり前はありません。疑うことから謎は生まれ，

それを解明するために考え，ときに仲間と議論を深めます。

そこから何かを生み出す行為こそ発明です。

みなさんも今日から数学者の仲間入りです。

小学校の復習問題

1 次の図形の面積を求めなさい。

(1) 三角形

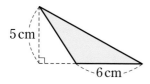

5 cm
6 cm

(2) 平行四辺形

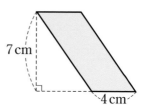

7 cm
4 cm

(3) 台形

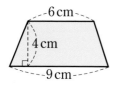

6 cm
4 cm
9 cm

(4) ひし形

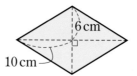

6 cm
10 cm

2 次の直方体の表面積と体積を求めなさい。

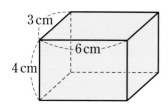

3 cm
6 cm
4 cm

3 次の立体は直方体を組み合わせたものです。この立体の体積を求めなさい。

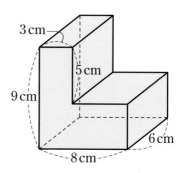

3 cm
5 cm
9 cm
6 cm
8 cm

新課程 中高一貫教育をサポートする

体系数学1

幾何編 [中学1，2年生用]

図形の基本的な性質を知る

数研出版

この本の使い方

例 1	本文の内容を理解するための具体例です。
例題 1	その項目の代表的な問題です。 **解答**，**証明** では模範解答の一例を示しました。
練習1▶	例，例題の内容を確実に身につけるための練習問題です。
確認問題	各章の終わりにあり，本文の内容を確認するための問題です。
演習問題	各章の終わりにあり，その章の応用的な問題です。 AとBの2段階に分かれています。
総合問題	巻末にあり，思考力・判断力・表現力の育成に役立つ問題です。
コラム 探究 Q	数学のおもしろい話題や主体的・対話的で深い学びにつながる内容を取り上げました。
	内容に関連するデジタルコンテンツを見ることができます。 以下のURLからも見ることができます。 https://www.chart.co.jp/dl/su/673pt/idx.html

アルファベット

大文字	小文字	読み方	大文字	小文字	読み方	大文字	小文字	読み方
A	a	エイ	J	j	ジェイ	S	s	エス
B	b	ビー	K	k	ケイ	T	t	ティー
C	c	シー	L	ℓ	エル	U	u	ユー
D	d	ディー	M	m	エム	V	v	ヴィー
E	e	イー	N	n	エヌ	W	w	ダブリュ
F	f	エフ	O	o	オー	X	x	エックス
G	g	ジー	P	p	ピー	Y	y	ワイ
H	h	エイチ	Q	q	キュー	Z	z	ゼッド
I	i	アイ	R	r	アール			

目次

中1 中2 は，中学校学習指導要領に示された，その項目を学習する学年を表しています。また， 数A は高等学校の数学Aの内容です。

3

第1章　平面図形

下の図は，4 本の煙突 A，B，C，D が立つ場所を，真上から見た図です。

たとえば，地点 P からは，4 本すべての煙突を見ることができます。

見える煙突の数は，見る場所によって変わり，煙突が 3 本や 2 本に見える地点もあります。

その地点を，下の図にかき入れてみましょう。

↑千住火力発電所（東京都足立区・1951年頃）

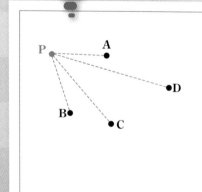

↑中世ヨーロッパで
ユークリッド幾何学が
教えられている様子

18 世紀の百科事典の
幾何学図形の表➡

Geometry

図形について研究する学問を「幾何学」といいます。

土地の測量から始まった幾何学の歴史は古く，その起源は，

紀元前の古代エジプトにまでさかのぼります。

1. 平面図形の基礎

直線，線分，半直線

両方向に限りなくのびたまっすぐな線を
直線 という。

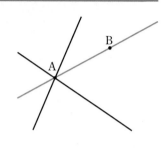

5 　右の図で，点Aを通る直線は何本も引く
ことができるが，2点 A，B を通る直線は
1本しか引くことができない。

　このことは，直線がもつ基本的な性質の1つである。

　2点 A，B を通る直線を，**直線 AB** と表す。直線 AB のうち，2点
10 A，B を端とする部分を **線分** といい，これを **線分 AB** と表す。また，
一方の点を端とし，もう一方に限りなくのびた部分を **半直線** という。
特に，A を端とし，B の方に限りなくのびた半直線を **半直線 AB** と表
し，B を端とし，A の方に限りなくのびた半直線を **半直線 BA** と表す。

直線AB	A━━━━━━━B
線分AB	A────B
半直線AB	A────B
半直線BA	A────B

注　意　直線 AB と直線 BA，線分 AB と線分 BA は同じである。

15 　　A　　　　B

練習 1 ▶ 左の図のように，平面上に4点 A，B，
C，D がある。このとき，次の直線，線分，半
直線を，図にかき入れなさい。

　C　　　　D

(1)　直線 AB　　　　(2)　線分 CD

(3)　半直線 BC　　　(4)　半直線 DA

■ 2 直線の関係

平面上に異なる 2 直線 ℓ, m があるとき，ℓ と m の位置関係には次の
2 つの場合がある。

[1] 交わる　　　　　　　　　[2] 交わらない

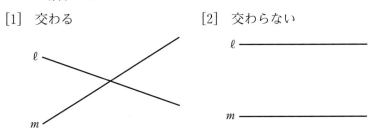

5　2 直線が交わるとき，その交わる点を，2 直線の **交点**（こうてん）という。

2 直線 AB，CD が垂直に交わるとき，
AB⊥CD と表し，「AB 垂直 CD」と読む。
このとき，線分 AB と CD も垂直である。
垂直な 2 直線の一方を，他方の **垂線**（すいせん）という。

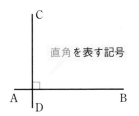

10　平面上の交わらない 2 直線は平行である。
2 直線 AB，CD が平行であるとき，
AB∥CD と表し，「AB 平行 CD」と読む。
このとき，線分 AB と CD も平行である。

練習 2▶ 右の図の長方形 ABCD において，垂直である
15　辺の組をすべて記号⊥を使って表しなさい。
また，平行である辺の組をすべて記号∥を使って表
しなさい。

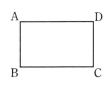

距　離

　平面上の図形のいろいろな距離について
考えてみよう。

　2点 A, B に対して，線分 AB の長さを，
2点 A, B 間の距離 という。

　線分 AB の長さを，**AB** で表す。

　たとえば，2点 A, B 間の距離が 5 cm で
あるとき，AB＝5 cm のように表される。

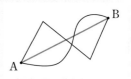

AとBを結ぶ線のうち，最も
短いものの長さが，2点A, B
間の距離である。

　直線 ℓ と，ℓ 上にない点Pに対して，
Pから ℓ に垂線を引き，ℓ との交点をQと
するとき，Qを **垂線の足** という。

　また，線分 PQ の長さを **点Pと直線 ℓ
の距離** という。

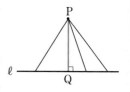

点Pと直線 ℓ の距離は，Pと ℓ
上の点を結ぶ線分のうち，最
も短いものの長さとなっている。

　平行な 2 直線 ℓ, m に対して，ℓ 上のど
こに点Pをとっても，Pと m の距離は一定
である。

　この一定の距離を，**平行な 2 直線 ℓ, m
間の距離** という。

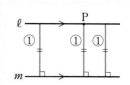

線分①の長さはすべて等しい。

　　練習**3**▶ 右の図において，次の距離を求
めなさい。ただし，方眼の 1 めもりは
1 cm とする。

(1)　2点 A, B 間の距離

(2)　点Cと直線 AB の距離

(3)　平行な 2 直線 BE, DC 間の距離

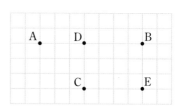

角

　1点Oを端とする2つの半直線OA，
OBを引くと，右の図のように角ができる。
この角を，記号 ∠ を用いて **∠AOB**
または **∠BOA** と表す。

　右の図の∠AOBは，∠O，∠aとも表
す。∠AOBにおいて，Oを **頂点**，2つの
半直線OA，OBを **辺** という。

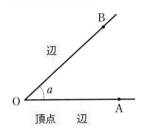

練習 4 右の図において，∠a，∠b，∠cをそれ
ぞれ，∠BCDのように，A，B，C，D，Eを
用いて表しなさい。

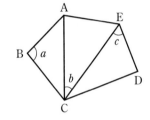

　∠AOBにおいて，2辺OA，OBの開きぐあいは角の大きさを表す。
　角の大きさは，下の図のように，半直線を，その端を固定して回転さ
せたときの，回転の大きさと考えることもできる。

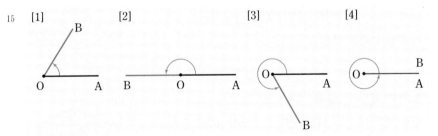

　たとえば，[2]のように半回転したときの角の大きさは180°であり，
[4]のように1回転したときの角の大きさは360°である。
　角の大きさも，記号 ∠ を用いて表す。たとえば，∠AOBの大きさが
180°であるとき，∠AOB＝180°と表す。

平面上の1点Oから等しい距離にある点の集まりは，点Oを中心とする円周を表す。円周のことを，単に円ともいう。点Oを中心とする円を，円Oと表す。

円周上の2点A，Bに対して，A，Bによって分けられた円周のおのおのの部分を **弧AB** といい，記号で $\overset{\frown}{\text{AB}}$ と表す。

弧の両端を結んだ線分を **弦** という。両端がA，Bである弦を **弦AB** と表す。

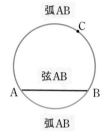

弧AB

弦AB

弧AB

| 注　意 | たとえば，上の図のように弧 AB 上に点Cがある場合，この部分の弧 AB を，$\overset{\frown}{\text{ACB}}$ と表すこともある。 |

練習 5 ▶ 円の内部に点Pがある。点Pを通るこの円の弦のうち，最も長いものはどのような弦であるか説明しなさい。

円の中心を頂点とし，2辺が弧の両端を通る角を，その弧に対する **中心角** という。

たとえば，右の図の円Oで，∠AOB は $\overset{\frown}{\text{AB}}$ に対する中心角である。

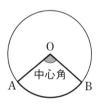

O

中心角

A　　B

1つの弧とその中心角を与える2辺によって囲まれた図形を **扇形** という。

右の図では，∠AOB が，この扇形の中心角である。

O

A　扇形　B

練習 6 ▶ 円形の紙を右の図のように3回折ってできる扇形の中心角の大きさを求めなさい。

■ 円と直線

円Oの周上に点Pがあり，半径 OP に垂直な直線 ℓ を考える。

右の図のように，この直線を移動させていくと，周上の1点Pだけを通るときがある。

5　このように，直線と円が1点だけを共有するとき，円と直線は **接する** といい，接する直線を **接線**，接する点を **接点** という。

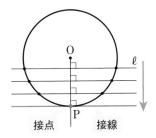

接点　　接線

> **円の接線の性質**
>
> 円の接線は，接点を通る半径に垂直である。

10　円と直線の位置関係には，次の3つの場合がある。これらは，円の中心から直線までの距離と，円の半径の大小によって決まる。

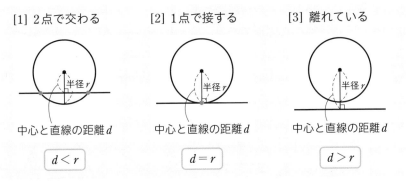

[1] 2点で交わる	[2] 1点で接する	[3] 離れている
半径 r	半径 r	半径 r
中心と直線の距離 d	中心と直線の距離 d	中心と直線の距離 d
$d < r$	$d = r$	$d > r$

15　注意　円と直線が交わる点や，円と円が交わる点も交点という。
また，2つの図形の共通な点を共有点という。交点も接点も共有点である。

練習 7 半径5cmの円Oと直線 ℓ がある。点Oと直線 ℓ の距離が次の各場合に，円Oと直線 ℓ の共有点の個数を答えなさい。

(1)　3cm　　　　　(2)　6cm　　　　　(3)　5cm

2. 図形の移動

対称な図形

　2つの図形について，一方をずらしたり裏返したりして他方にぴったりと重ねることができるとき，それらの図形は **合同**^{ごうどう} であるという。

5　ここで，小学校で学んだ対称な図形についてまとめておこう。

　1つの直線を折り目として図形を折ったとき，その直線の両側の部分がぴったりと重なる図形は **線対称**^{せんたいしょう} であるといい，折り目とした直線を**対称の軸** という。また，ぴったりと重なる点を対応する点という。

　たとえば，正方形は，対角線を含む
10　直線を対称の軸とする線対称な図形である。また，円は直径を含む直線を対称の軸とする線対称な図形である。

練習 8▶ 下の図形は線対称な図形である。それぞれについて，対称の軸をすべてかき入れなさい。

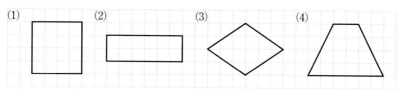

(1)　　　(2)　　　(3)　　　(4)

15　線対称な図形について，次のことが成り立つ。

　線対称な図形において，対称の軸は，対応する
2点を結ぶ線分を垂直に2等分する。

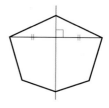

1つの点を中心として図形を 180° 回転させたとき，もとの図形とぴったりと重なる図形は **点対称** であるといい，回転の中心とした点を **対称の中心** という。また，ぴったりと重なる点を対応する点という。

　たとえば，正方形は，対角線の交点を対称の中心とする点対称な図形である。また，円はその中心を対称の中心とする点対称な図形である。

練習 9 下の図形は点対称な図形である。それぞれについて，対称の中心をかき入れなさい。

(1)　　　　(2)　　　　(3)　　　　(4)

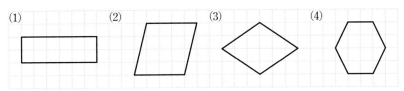

　点対称な図形について，次のことが成り立つ。

　点対称な図形において，対応する 2 点を結ぶ線分は対称の中心を通り，対称の中心はこの線分を 2 等分する。

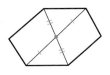

　小学校で学んだ四角形や正多角形についてまとめると，次のようになる。

	線対称	点対称
長方形	○	○
正方形	○	○
平行四辺形	×	○
ひし形	○	○
台形	×	×

	線対称	点対称
正三角形	○	×
正五角形	○	×
正六角形	○	○
正七角形	○	×
正八角形	○	○

図形を，その形と大きさを変えずにほかの位置に動かすことを **移動** という。

移動によってぴったりと重なる点を，対応する点という。

1つの図形を繰り返し移動してできる日本古来の文様
左から 麻の葉文様，青海波文様，亀甲文様

いろいろな平面上の図形の移動について考えよう。

平行移動

図形を，一定の向きに一定の距離だけずらすことを **平行移動** という。

例 1 右の図で，△ABC を，矢印の向きにその長さだけ平行移動した図形は，△PQR である。

注意 3点 A，B，C を頂点とする三角形を，記号で △ABC と表す。

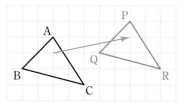

平行移動では，図形上の各点を同じ向きに同じ距離だけ移すから，対応する2点を結ぶ線分は，どれも平行で長さが等しい。したがって，例1において，AP，BQ，CR は平行で，AP＝BQ＝CR が成り立つ。

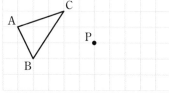

練習 10 左の図において，△ABC を，点Aが点Pに移るように平行移動した図形をかきなさい。

回転移動

図形を，ある点を中心として一定の角度だけ回すことを **回転移動** という。このとき，中心とした点を **回転の中心** という。

特に，180°の回転移動を **点対称移動** という。

5 | 例 2 | 右の図で，△ABC を，点Oを回転の中心として時計の針の回転と同じ向きに 90°だけ回転移動した図形は，△PQR である。

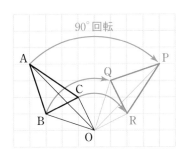

回転移動において，回転の中心と対応
10 する2点をそれぞれ結んでできる角の大きさはすべて等しい。

また，回転の中心は対応する2点から等しい距離にある。

したがって，例2において，次のことが成り立つ。

$$\angle AOP = \angle BOQ = \angle COR \qquad OA = OP, \ OB = OQ, \ OC = OR$$

練習 11 右の図において，△ABC を，点Oを
15 回転の中心として，時計の針の回転と反対の向きに 90°だけ回転移動した図形をかきなさい。

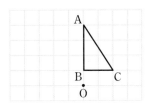

練習 12 右の図は，合同な正三角形を並べたものである。

(1) 点Oを回転の中心として，① を時計の針の回転と同じ向きに ◻°だけ回転移動すると，③
20 に重なる。◻ に適する数を答えなさい。

(2) 点Oを回転の中心として点対称移動するとき，③ が重なる三角形はどれか答えなさい。

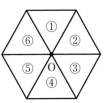

■ 対称移動

図形を，1つの直線を折り目として折り返すことを **対称移動** という。
このとき，折り目とした直線を **対称の軸** という。

例**3** 右の図で，△ABC を，直線 ℓ を対称の軸として対称移動した図形は，△PQR である。

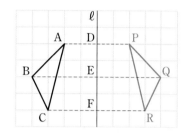

対称移動において，対応する2点を結ぶ線分は，対称の軸によって垂直に2等分される。

したがって，例3において，次のことが成り立つ。

$$AD=PD, \quad AP\perp\ell \qquad BE=QE, \quad BQ\perp\ell \qquad CF=RF, \quad CR\perp\ell$$

練習 13 下の図において，△ABC を，直線 ℓ を対称の軸として対称移動した図形をかきなさい。

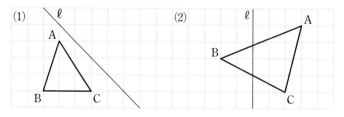

練習 14 正方形の紙を，右の図のように折り曲げ，斜線部分を切り取る。この紙を広げたとき，切り取られた部分はどのようになるか。最初の正方形にかき入れなさい。

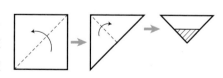

平行移動，回転移動，対称移動を組み合わせて図形を移動しても，移動後の図形はもとの図形と合同である。

平行移動，回転移動，対称移動について，さらに考えてみよう。

右の図で，2直線 ℓ, m は平行である。このとき，ℓ, m を対称の軸として，△ABC を2回対称移動した図形が，△PQR である。

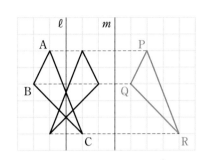

この図から，1回の平行移動で，△ABC は △PQR に移ることがわかる。

練習 15 ▶ 右の図は，正方形 ABCD を8つの合同な直角二等辺三角形に分けたものである。① を次のように移動して得られる図形を，それぞれ記号で答えなさい。

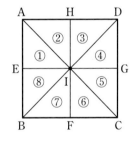

(1) 直線 HF を対称の軸として対称移動した後，直線 AC を対称の軸として対称移動する。

(2) 点 I を回転の中心として，時計の針の回転と反対の向きに 90° 回転移動する。

練習 16 ▶ 右の図は，8つの合同な台形 ①～⑧ を並べたものである。台形 ① を台形 ⑧ の位置に，ちょうど2回の移動で移す方法はいろいろある。その中の2通りを答えなさい。ただし，1回目の移動で台形 ①～⑧ 以外の位置には動かさないものとする。

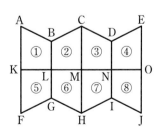

3. 作図

定規とコンパスだけを用いて図形をかくことを **作図** という。

作図において，定規は直線を引くために用いる。また，コンパスは円をかいたり，線分の長さを移すために用いる。

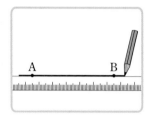
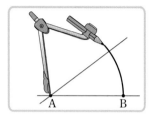

 与えられた線分 AB を 1 辺とする正三角形 ABC の作図

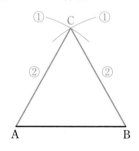

① コンパスを用いて，2 点 A，B をそれぞれ中心とする半径 AB の円をかく。

② ① でかいた 2 円の交点の 1 つを C とし，定規を用いて，C と A，C と B をそれぞれ結ぶ。

例 4 において，AC＝AB，BC＝BA より AB＝BC＝CA が成り立つから，△ABC は正三角形である。

注意 作図の過程で引いた線は，消さずに残しておく。
また，作図では，円の弧をかく場合も，「円をかく」ということにする。

練習 17 ▶ 3 辺の長さが，それぞれ右の 3 つの線分の長さと等しい三角形を作図しなさい。

垂直二等分線

　線分の両端から等しい距離にある線分上の点を，その線分の **中点** という。また，線分の中点を通り，線分に垂直な直線を，その線分の **垂直二等分線** という。

垂直二等分線

中点

　線分 AB の垂直二等分線を ℓ とする。ℓ 上に点 P をとると，△PAB は ℓ を対称の軸として線対称であるから，次のことが成り立つ。

$$PA = PB$$

　このように，線分 AB の垂直二等分線は，2 点 A，B から等しい距離にある点の集まりである。線分 AB の垂直二等分線を作図するには，A，B から等しい距離にある点を 2 つ求めるとよい。

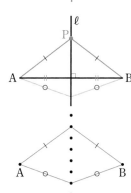

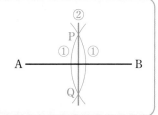

垂直二等分線の作図

①　線分の両端 A，B をそれぞれ中心として，等しい半径の円をかく。

②　①でかいた 2 円の交点をそれぞれ P，Q として，直線 PQ を引く。

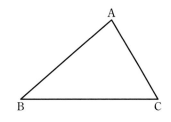

練習 18　右の図のような △ABC をかいて，次の図形を作図しなさい。

(1)　辺 AB の垂直二等分線

(2)　辺 BC の中点

角の二等分線

1つの角を2等分する半直線を，その角の
二等分線 という。

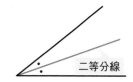

∠AOB の二等分線を OC とし，辺 OA，OB

5 上に，それぞれ OP＝OQ となる点 P，Q をと
る。このとき，半直線 OC 上に点 R をとると，
四角形 OPRQ は OC を対称の軸として線対称
であるから，次のことが成り立つ。

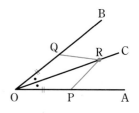

$$PR＝QR$$

10 角の二等分線を作図するには，このような点 R を1つ求めるとよい。

角の二等分線の作図

① 点 O を中心とする円をかき，辺 OA，
OB との交点をそれぞれ P，Q とする。
② 2点 P，Q をそれぞれ中心として，

15 等しい半径の円をかく。その交点の
1つを R として，半直線 OR を引く。

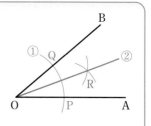

角の二等分線は，角の2辺から等しい距離に
ある点の集まりである。

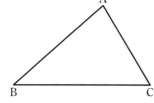

練習 19 左の図のような △ABC をかいて，
次の図形を作図しなさい。

(1) ∠ABC の二等分線

(2) ∠BAC の二等分線と辺 BC の交点

■ 垂線

線分の垂直二等分線は，その線分に垂直である。

この性質を利用すると，垂線を作図することができる。

点Pを通り，直線 XY に垂直な直線を ℓ
とする。このとき，PA＝PB となるような
XY 上の異なる2点 A，B について，

$$\ell \perp AB$$

が成り立つ。

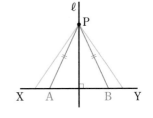

垂線を作図するには，このような線分 AB を求めて，線分 AB の垂直
二等分線を作図するとよい。

> ### 垂線の作図
>
> ① 点Pを中心とする円をかき，直線
> XY との交点をそれぞれ A，B とする。
> ② 2点 A，B をそれぞれ中心として，
> 等しい半径の円をかく。その交点の
> 1つをQとして，直線 PQ を引く。

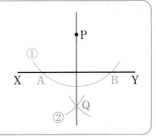

点Pを通る直線 XY の垂線は，P が XY 上に
ある場合も，同じように作図することができる。

練習 20 ▶ 右の図のような △ABC をかいて，
次の図形を作図しなさい。

(1) 頂点Aを通る辺 BC の垂線

(2) 頂点Bを通る辺 AB の垂線

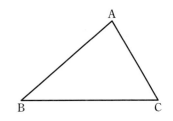

3. 作図 **21**

■ 円と接線

11ページで学んだように，円の接線は，接点を通る半径に垂直である。

この性質を利用すると，円周上の点における円の接線を作図することができる。

例5 円Oの周上の点Pにおける接線の作図

① 半直線 OP を引く。

② Pを中心とする円をかき，半直線 OP との交点をそれぞれ A，B とする。

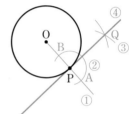

③ 2点 A，B をそれぞれ中心として，等しい半径の円をかき，2つの円の交点の1つをQとする。

④ 直線PQを引く。

例5において，OP⊥PQ が成り立つから，直線PQは円Oの周上の点Pにおける接線である。

•A

ℓ ─────────────

練習 21 ▶ 左の図のような点Aと直線ℓについて，Aを中心としℓに接する円を作図しなさい。

一直線上にない3点 A，B，C に対して，これら3点を通る円Oはただ1つに決まる。このとき，線分 OA，OB，OC はこの円の半径であるから，OA＝OB＝OC が成り立つ。

一直線上にない3点を通る円は，垂直二等分線の性質を利用して作図することができる。

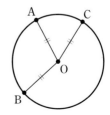

例題 1 右の図の 3 点 A, B, C を通る円 O を作図しなさい。

B•

C•

•A

（考え方）円の中心は弦の垂直二等分線の交点である。

解答
① 2 点 A, B を結び, 線分 AB の垂直二等分線を作図する。
② 2 点 B, C を結び, 線分 BC の垂直二等分線を作図する。
③ ①, ② で作図した 2 直線の交点を O とし, O を中心とする半径 OA の円をかく。 **終**

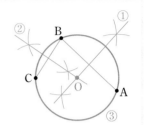

考察 このとき, OA＝OB, OB＝OC すなわち OA＝OB＝OC が成り立つから, 円 O は 3 点 A, B, C を通る。

三角形の 3 つの頂点は一直線上にないから, 三角形の 3 つの頂点を通る円は, 必ずかくことができる。例題 1 の円 O は, △ABC の 3 つの頂点を通る円である。

練習 22 右の図の △ABC について, 3 つの頂点 A, B, C を通る円を作図しなさい。

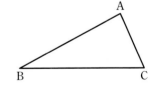

練習 23 右の図は, 円 O の一部である。この円の中心 O を, 作図によって求めなさい。

いろいろな作図

例題 2 右の図において，点Pを通り，直線 ℓ に平行な直線を作図しなさい。

• P

ℓ ────────

解答 ① 直線 ℓ 上に点Aをとる。
　　　　Aを中心として半径 APの円を
　　　　かき，ℓ との交点をBとする。
② P，Bを中心として，それぞれ
　　半径 APの円をかき，2円の交
　　点のうちAでない方をCとする。
③ 直線 PCを引く。　**終**

考察 このとき，四角形 PABC は，4つの辺の長さがすべて等しいから，ひし形である。ひし形の向かい合う辺は平行である。したがって，直線 PCと ℓ は平行である。

練習 24 直線 ℓ に垂直な直線を m とすると，m に垂直な直線は ℓ と平行になる。
このことを用いて，例題2の作図をしなさい。

練習 25 線分 AB をかいて，次の図形を作図しなさい。
(1) ∠BAC＝60° となる線分 AC
(2) ∠BAD＝45° となる線分 AD

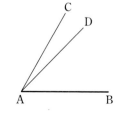

コ ラ ム

正多角形の作図

辺の長さがすべて等しく，角の大きさがすべて等しい多角形を正多角形といいます。正三角形や正方形は，どちらも正多角形です。

正三角形の作図は，18ページで学びました。また，これまでに学んだことを利用すると，正方形や正六角形を作図することもできます。

次は，与えられた線分 AB を 1 辺とする正五角形の作図法の 1 つです。

① 線分 AB の垂直二等分線 ℓ を作図し，ℓ と線分 AB の交点をMとする。

② Mを中心とする半径 AB の円をかき，ℓ との交点をPとする。

③ 半直線 AP を引き，P を越える延長上に，PQ＝AM となる点Qをとる。

④ Aを中心とする半径 AQ の円と直線 ℓ の交点をDとする。

⑤ Dを中心とする半径 AB の円をかく。

⑥ A，B を中心とする半径 AB の円をかき，⑤ でかいた円との交点を，それぞれ E，C とする。

E と A，D をそれぞれ線分で結び，C と B，D をそれぞれ線分で結ぶ。

このとき，五角形 ABCDE は正五角形になります。

いま，そのわけを説明することはできませんが，今後，数学の学習を進めていくことで，正五角形になるわけを説明できるようになります。

ドイツの数学者ガウス (1777–1855) は，19歳のときに正十七角形が作図できることを発見し，数学者になることを決意しました。

一見，単純に見える図形の作図ですが，そのことの説明には，さらに高度な数学の知識が必要となります。

ガウス

4. 面積と長さ

三角形，四角形の面積

三角形や四角形の面積を求める公式について復習しておこう。

練習 26 ▶ 次の ☐ を埋めて，三角形と四角形の面積の公式を完成させなさい。

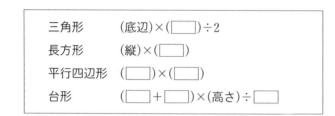

三角形　　　　(底辺)×(☐)÷2

長方形　　　　(縦)×(☐)

平行四辺形　　(☐)×(☐)

台形　　　　　(☐＋☐)×(高さ)÷☐

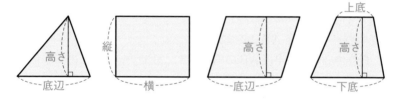

例 6
(1)　底辺が 6 cm，高さが 4 cm である三角形の面積は
$$6×4÷2=12 \,(\text{cm}^2)$$

(2)　上底が 3 cm，下底が 7 cm，高さが 5 cm である台形の面積は
$$(3＋7)×5÷2=25 \,(\text{cm}^2)$$

練習 27 ▶ 次のような三角形，四角形の面積を求めなさい。

(1)　底辺が 5 cm，高さが 8 cm である三角形

(2)　底辺が 10 cm，高さが 6 cm である平行四辺形

(3)　上底が 4 cm，下底が 12 cm，高さが 7 cm である台形

練習 28▶ ひし形の対角線は垂直に交わる。対角線の長さが 8 cm と 10 cm であるひし形の面積を求めなさい。

面積がすぐに求められない場合は，図形をいくつかの部分に分けたり，図形を移動したりして考えるとよい。

例題 3 右の図のような長方形 ABCD がある。BE＝3 cm，BF＝4 cm であるとき，四角形 EBFD の面積を求めなさい。

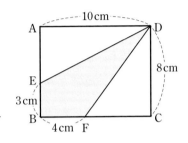

考え方 四角形 EBFD を 2 つの三角形に分けて考える。

解答 △DEB の面積は

$$BE×AD÷2＝3×10÷2$$
$$＝15 (cm^2)$$

△DBF の面積は

$$BF×CD÷2＝4×8÷2$$
$$＝16 (cm^2)$$

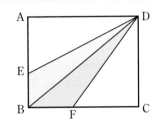

よって，四角形 EBFD の面積は

$$15＋16＝31$$

答 31 cm²

練習 29▶ 右の図のように，平行な 2 直線に接する直径 8 cm の円が 2 つあり，それぞれの中心は，互いに他の円の周上にある。このとき，斜線部分の面積を求めなさい。

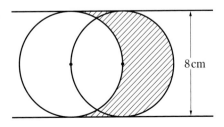

小学校では，数の代わりに文字を用いることも学んだ。

ふつう，文字を用いて積を表すときは，乗法の記号×を省略する。

また，数と文字の積では，数を文字の前に書く。文字どうしの積は，アルファベット順に書くことが多い。

5　文字を用いると，26ページの面積の公式は，次のように表される。

底辺が a，高さが h である三角形の面積は　　　　$\dfrac{1}{2}ah$

縦が　　a，横が　　b である長方形の面積は　　　ab

底辺が a，高さが h である平行四辺形の面積は　　ah

上底が a，下底が b，高さが h である台形の面積は　$\dfrac{1}{2}(a+b)h$

10　注意　2でわることは $\dfrac{1}{2}$ をかけることと同じであるから，三角形や台形の面積の公式は，上のように表すことができる。

円の面積と周の長さ

円の面積と周の長さは，次の式で表される。

面積　　　　（半径）×（半径）×（円周率）

15　**周の長さ**　　（直径）×（円周率）

（円周率）＝ $\dfrac{（円周）}{（直径）}$

円周率は，次のように，限りなく数字の続く小数である。

　　　　　3.1415926535……

これからは，円周率をギリシャ文字 π（パイ）で表す。

例7　半径が 3 cm である円の面積は　　　$3\times3\times\pi=9\pi\ (\mathrm{cm}^2)$

20　　　　　　周の長さは　　　$(3\times2)\times\pi=6\pi\ (\mathrm{cm})$

練習 30 ▶ 半径が 5 cm である円の面積と周の長さを求めなさい。

例題 4 対角線の長さが 6 cm と 8 cm であるひし形を，その対角線の交点を中心として 180° 回転させる。このとき，ひし形が通過した部分の面積を求めなさい。

解答 ひし形が通過した部分は，右の図のような，対角線の交点を中心とする円になる。
この円の半径は 4 cm であるから，
求める面積は　　$4×4×π=16π$

答 $16π$ cm²

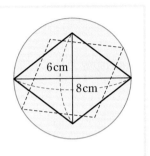

練習 31 長さ 4 cm の線分 AB の中点をMとする。Aを中心として線分 MB を 360° 回転させるとき，線分 MB が通過した部分の面積を求めなさい。

円の面積と周の長さは，文字を用いて，次のように表すことができる。

半径が r である円の面積を S，周の長さを $ℓ$ とすると

$$S=πr^2 \quad ←r×r×π$$

$$ℓ=2πr \quad ←(r×2)×π$$

注意 文字の式では，同じ文字の積 $r×r$ や $r×r×r$ を，それぞれ r^2，r^3 のように書く。また，円周率 $π$ は，数と他の文字の間に書く。

1つの円において，扇形の弧の長さと面積は，ともに扇形の中心角の大きさによって決まる。
右の図は，中心角が 60° の扇形である。
この扇形の弧の長さと面積は，それぞれ円Oの周の長さと面積の $\dfrac{60}{360}$ 倍である。

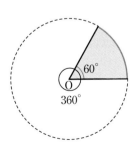

一般に，中心角が $a°$ の扇形の弧の長さと面積は，その半径と等しい円の周の長さと面積の $\dfrac{a}{360}$ 倍になる。

扇形の弧の長さと面積を求める式は，次のようにまとめられる。

> **扇形の弧の長さと面積**
>
> 半径 r，中心角 $a°$ の扇形の弧の長さを ℓ，面積を S とすると
>
> $$\ell = 2\pi r \times \dfrac{a}{360}$$
>
> $$S = \pi r^2 \times \dfrac{a}{360}$$

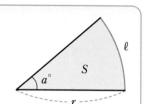

例 8 半径が $9\,\mathrm{cm}$，中心角が $80°$ の扇形の弧の長さを ℓ，面積を S とすると

$$\ell = 2\pi \times 9 \times \dfrac{80}{360} = 4\pi \ (\mathrm{cm})$$

$$S = \pi \times 9^2 \times \dfrac{80}{360} = 18\pi \ (\mathrm{cm^2})$$

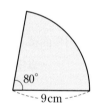

練習 32 半径が $5\,\mathrm{cm}$，中心角が $144°$ の扇形の弧の長さと面積を求めなさい。

練習 33 次の図形の斜線部分の周の長さと面積を求めなさい。

(1)

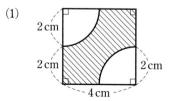

(2)

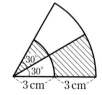

半径が r，弧の長さが ℓ の扇形を，下の図 [1] のように合同な扇形に細かく分けて，図 [2] のように並べかえる。この分け方を細かくしていくと，図 [3] の図形は，縦が r，横が $\dfrac{1}{2}\ell$ の長方形とみなすことができるようになる。

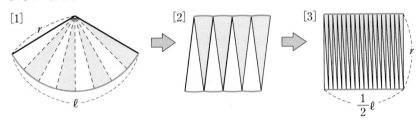

したがって，この扇形の面積 S は，次の式で求められる。

$$S=\frac{1}{2}\ell r \quad \cdots\cdots ①$$

また，扇形は，右の図のように帯状に細かく分けることで，底辺が ℓ，高さが r の三角形とみなすことができる。

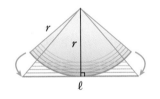

このことからも，① が成り立つことがわかる。

練習 34 半径が 12 cm，弧の長さが 10π cm の扇形の面積を求めなさい。

① は，文字の式の計算を利用して，次のように導くこともできる。

半径が r，中心角が $a°$ である扇形の弧の長さを ℓ，面積を S とする。

$$\ell=2\pi r \times \frac{a}{360}$$

であるから

$$\frac{1}{2}\ell r=\frac{1}{2}\times\left(2\pi r \times \frac{a}{360}\right)\times r=\pi r^2 \times \frac{a}{360}$$

$S=\pi r^2 \times \dfrac{a}{360}$ であるから　　$S=\dfrac{1}{2}\ell r$

点が動いてできる線の長さを求めることを考えよう。

例題5 AB＝2 cm，
BC＝4 cm
の長方形 ABCD を，
右の図のように直線

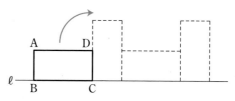

ℓ 上をすべらないように転がすとき，頂点Dが動いてできる線
の長さを求めなさい。

解答 頂点Dは，下の図の曲線 ①，② のように動く。

この線は，半径
2 cm，中心角 90°
の扇形の弧と，
半径4 cm，中心

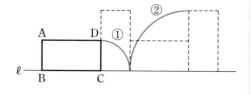

角 90° の扇形の弧を合わせたものである。

したがって，その長さは

$$2\pi \times 2 \times \frac{90}{360} + 2\pi \times 4 \times \frac{90}{360} = 3\pi$$

答 3π cm

一般に，ある条件を満たす点全体がつくる図形を，この条件を満たす
点の **軌跡** という。

練習35 1辺の長さが1 cm の正三角形 PQR を，
1辺の長さが1 cm の正三角形 ABC の外側を
時計の針の回転と反対の向きにすべることなく
回転させ，隣の辺へ動かしていく。右の図のよ
うに，辺 PQ が辺 AC と重なった状態から始め，
再び辺 PQ が辺 AC と重なるまで動かしたとき，
点Rの軌跡の長さを求めなさい。

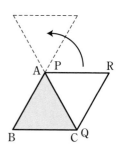

1 右の図のような台形 ABCD について，次の問いに答えなさい。

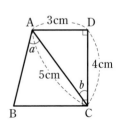

(1) ∠a, ∠b をそれぞれ A，B，C，D を用いて表しなさい。

(2) 辺 AD と垂直または平行な辺を記号で表しなさい。

(3) 点Aと直線 BC の距離を求めなさい。

2 右の図のように，正方形 ABCD を8つの合同な直角二等辺三角形に分ける。このとき，次の条件を満たす三角形をすべて答えなさい。

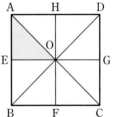

(1) △OAE を平行移動して重ねられる三角形

(2) △OAE を点Oを中心として回転移動して重ねられる三角形

3 次の [1]，[2] をともに満たす地点Pに，宝を埋めることにした。地点Pを作図しなさい。

[1] 2地点 A，B から等しい距離にある。

[2] [1] を満たす点のうち地点Cから最も近い位置にある。

A•

C•

•B

4 半径が 5 cm，中心角が 288° の扇形の弧の長さと面積を求めなさい。

1 右の図のように，点Aから円Oに2本の接線を
引き，その接点をそれぞれP，Qとする。

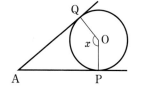

(1) 直線 AP と線分 OP の位置関係を，記号で
表しなさい。

(2) ∠PAQ＝40° のとき，∠x の大きさを求め
なさい。

2

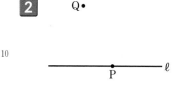

左の図のような直線 ℓ と，ℓ 上の点Pお
よび ℓ 上にない点Qがある。点Pで ℓ に
接する円で，点Qを通るものの中心を作
図によって求めなさい。

3 半径が 5 cm で，弧の長さが 6π cm の扇形がある。

(1) 面積を求めなさい。　　　(2) 中心角の大きさを求めなさい。

4 右の図のように，長さ 9 cm の糸 AP をぴ
んと張り，1辺が 3 cm の正三角形の頂点
Aに一端を固定して，糸を張った状態のま
ま全部を巻きつける。このとき，糸が通過
する部分の面積を求めなさい。

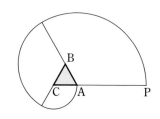

5 右の図の ∠XOY と点Cについて，辺OX，OY 上に３つの頂点がある正三角形 ABC を作図しなさい。ただし，点Aは辺 OY 上，点Bは線分 OC 上にあるようにすること。

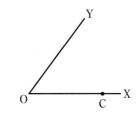

6 右の図のような △ABC について，３辺 AB，BC，CA に接する円を作図しなさい。

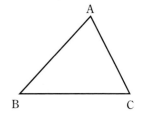

7 正六角形 ABCDEF において，辺 CD の中点をMとする。
このとき，五角形 AMDEF の面積は，四角形 ABCM の面積の何倍であるか答えなさい。

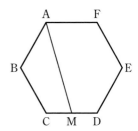

8 右の図のように，半径 12 cm，中心角 30° の扇形 PQR がある。この扇形を，直線 AB 上をすべらないように，線分 PR が直線 AB 上に初めて重なるまで移動させる。このとき，次の問いに答えなさい。

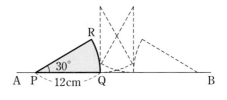

(1) 点Pの軌跡の長さを求めなさい。

(2) 扇形 PQR が通過した部分の面積を求めなさい。

円周率の歴史

円は，私たちのまわりのいろいろなところに現れる身近な図形です。

ピザ

タイヤ

マンホール

ストップウォッチ

どんな円でも，その直径に対する円周の割合は一定で，その値が 3 より少し大きいことは，古くから知られていました。

実際，円周率として，古代メソポタミアでは $\dfrac{25}{8}=3.125$ が，古代エジプトでは $\dfrac{256}{81}=3.16\cdots\cdots$ が使われていた記録が残っています。

円周率の値を求めるのに，円の周の長さと正多角形の辺の長さの和を比べる方法があります。たとえば，右の図のような半径が 1 の円と，その内部にぴったりと入る正六角形を考えます。正六角形は 6 個の正三角形でできているので，辺の長さの和は 6 となります。円の周の長さは正六角形の辺の長さの和より大きく，円の直径は 2 ですから，円周率は $6\div2=3$ より大きいことがわかります。

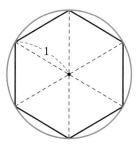

紀元前3世紀頃に，ギリシャのアルキメデスは，正96角形を利用して，円周率の値が

$$3+\frac{10}{71}=3.1408\cdots\cdots \quad \text{より大きく，}$$

$$3+\frac{1}{7}=3.1428\cdots\cdots \quad \text{より小さい}$$

ことを発見しました。

↑正96角形の一部分

アルキメデスは円周率の値を，小数第2位まで正しく求めていたのです。

円周率 3.1415926……にとても近い値となる分数としては，中国の数学者である祖冲之が5世紀頃に発見したとされる，

$$\frac{355}{113}=3.1415929\cdots\cdots$$

が知られています。

このように，円周率に近い値となる分数は，はるか昔からいろいろと考えられてきました。しかしながら，円周率の値にぴったりと一致する分数はありません。このことがきちんと説明されたのは，わずか二百数十年前のことです。

祖冲之

コンピュータが発達した現在，円周率の値は，コンピュータを利用して計算することができるようになりました。

たとえば，$\dfrac{2\times2\times4\times4\times6\times6\times\cdots\cdots}{1\times3\times3\times5\times5\times7\times\cdots\cdots}$ という分数を計算すると，その値は

$\dfrac{\pi}{2}$ に近づきます。このような「計算結果が π に関する数になる式」を計算することで，円周率の値を計算します。

2019年の時点で，円周率の値は，小数点以下30兆桁を超えるところまで求められています。

空間図形

私たちの身のまわりには, いろいろな形をしたものがあります。

下の5つの立体を形の特徴に注目してグループ分けして
みましょう。どのような分類の方法があるでしょうか。

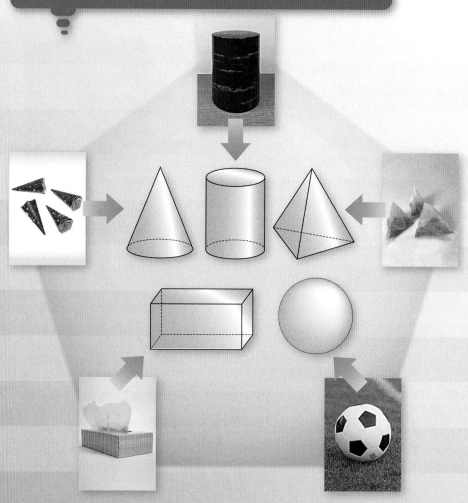

Archimedes

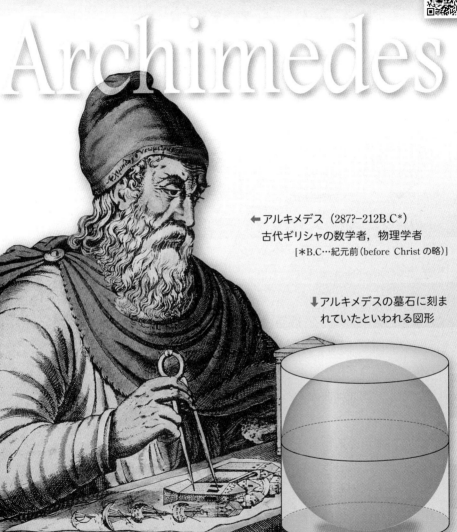

← アルキメデス（287?-212B.C*）
古代ギリシャの数学者，物理学者
[*B.C…紀元前（before Christ の略）]

↓アルキメデスの墓石に刻ま
れていたといわれる図形

古代ギリシャの数学者にアルキメデスがいます。

彼は球がぴったり入る円柱を考え，体積や面積の比を発見しま
した。彼の墓石には，右上の図のような球と円柱が彫られたと
いわれています。

1. いろいろな立体

小学校では，下の図の(ア)，(イ)のような角柱と円柱について学んだ。

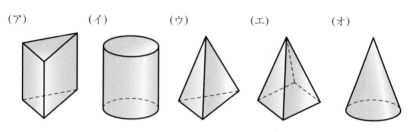

(ア)　　　　(イ)　　　　(ウ)　　　　(エ)　　　　(オ)

　上の図の(ウ)，(エ)のような立体を
5 **角錐** といい，(オ)のような立体を
円錐 という。

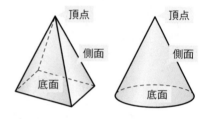

　角錐や円錐の底の面を **底面** とい
い，周りの面を **側面** という。

　角錐の底面は多角形であり，側面は三角形である。また，円錐の底面
10 は円であり，側面は曲面である。

　角錐は，底面の形によって，三角錐，四角錐などという。たとえば，
上の図の(ウ)は三角錐であり，(エ)は四角錐である。

　特に，底面が正多角形で，側面がすべて合同な二等辺三角形である角
錐を，正三角錐，正四角錐などという。

15 （注　意）底面が正多角形である角柱を，正三角柱，正四角柱などという。

　平面だけで囲まれた立体を **多面体** という。多面体は，その面の数に
よって，四面体，五面体などという。たとえば，上の図の(ウ)は四面体で
ある。

すべての面が合同な正多角形で，どの頂点にも同じ数の面が集まるへこみのない多面体を **正多面体** という。次の 5 種類の立体は，どれも正多面体である。

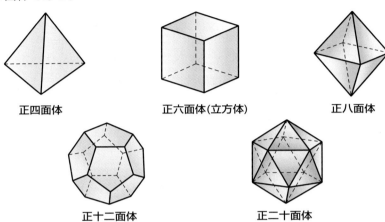

正四面体　　　　　　正六面体(立方体)　　　　　　正八面体

正十二面体　　　　　　　　　正二十面体

　合同な正三角形を，1 つの頂点を共有するようにいくつか並べてはり合わせたとき，多面体の一部となるのは，次の 3 通りの場合だけである。したがって，各面が正三角形である正多面体は 3 種類しかない。

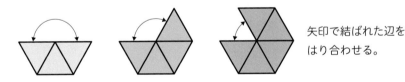

矢印で結ばれた辺をはり合わせる。

　正多面体は，上の 5 種類しかないことがわかっている。

練習 1 次の表の立体について，頂点の数，面の数，辺の数を調べ，表の空らんを埋めなさい。

	三角柱	四角柱	正四面体	正八面体	正十二面体
頂点の数					
面の数					
辺の数					

2. 空間における平面と直線

限りなく広がった平らな面を **平面** という。

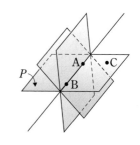

　空間においても，2点 A，B が与えられると，それらを通る直線 AB がただ1つに決まる。

5　しかし，2点 A，B を含む平面は無数にあって，ただ1つには決まらない。

　空間における平面は，2点 A，B のほかに，直線 AB 上にない点Cが与えられると，ただ1つに決まる。よって，次のことがいえる。

　　　　同じ直線上にない3点を含む平面はただ1つある。

10　たとえば，平行な2直線を含む平面はただ1つある。

　平面は記号をつけて，平面 P などと表す。また，3点 A, B, C を含む平面を，平面 ABC という。

練習 2 ▶ 次の中から，平面がただ1つに決まる場合をすべて選びなさい。

　① 同じ直線上にある3点を含む。　　② 交わる2直線を含む。

15　③ 1つの直線と，その直線上にない1点を含む。　　④ 異なる4点を含む。

2 直線の位置関係

　空間においても，1つの平面上にある異なる2直線は，1点で交わるか平行である。

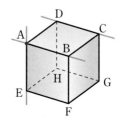

20　右の図の立方体において，2直線 AB と AE は1点Aで交わる。

　また，2直線 AB と DC は平行である。

　このとき，辺 AB と DC も平行である。

例1において，2直線 AB と CG を含む平面は存在しない。すなわち，この2直線は平行でなく，しかも交わらない。このような2直線は **ねじれの位置** にあるという。

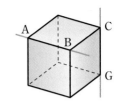

5　このとき，辺 AB と CG もねじれの位置にある。

空間における2直線が交わらないとき，それらは平行であるかねじれの位置にある。

空間における2直線の位置関係は，次のようにまとめられる。

立体交差（東京都板橋区）

10　**2直線の位置関係**

[1]　1点で交わる　　　｜
[2]　平行である　　　　｜　2直線は同じ平面上にある。
[3]　ねじれの位置にある　　2直線は同じ平面上にない。

練習3▶ 右の図は，直方体から三角柱を切り取っ
15　た立体である。各辺を延長した直線について，次のような位置関係にある直線を，それぞれすべて答えなさい。

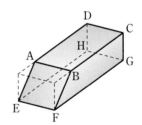

(1)　直線 AB と平行な直線

(2)　直線 AE とねじれの位置にある直線

20　**練習4▶** 空間内の異なる3つの直線 ℓ, m, n について，次の中からつねに正しい記述を選びなさい。

①　ℓ と m が交わり，$\ell /\!/ n$ ならば，m と n は交わる。

②　$\ell /\!/ m$，$m /\!/ n$ ならば，$\ell /\!/ n$ である。

③　ℓ と m がねじれの位置にあり，m と n もねじれの位置にあるならば，
25　　ℓ と n はねじれの位置にある。

空間における直線 ℓ と平面 P の位置関係には，次の 3 つの場合がある。

[1] ℓ が P に含まれる　　[2] 1 点で交わる　　[3] 交わらない

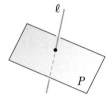

　　直線 ℓ と平面 P が交わらないとき，ℓ と P は **平行** であるといい，

5　$\boldsymbol{\ell /\!/ P}$ と表す。

　　直線 ℓ が平面 P と交わり，その交点を通る
P 上のすべての直線と垂直であるとき，ℓ と
P は **垂直** であるといい，$\ell \perp P$ と表す。
また，ℓ を P の **垂線** という。

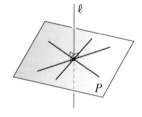

10　直線 ℓ にそって，1 組の三角定規を右の図
のようにおくと，辺 OA，OB を含む平面 P
がただ 1 つ決まる。このとき，ℓ を軸として
三角定規を回転させると，どのような場合も
辺 OA，OB は平面 P 上にあるから，図の点

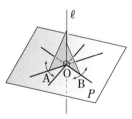

15　O を通る P 上のすべての直線は ℓ と垂直である。

　　このことから，平面に垂直な直線について，次のことがいえる。

> **平面に垂直な直線**
>
> 平面 P と直線 ℓ が点 O で交わるとき，ℓ が O を通る P 上の 2 直線に
> 垂直ならば，直線 ℓ と平面 P は垂直である。

例 2 右の図の三角錐は，立方体を平面で切って得られたものである。

このとき

$$AD \perp BD, \quad AD \perp CD$$

であるから，直線 AD と平面 BCD は垂直である。

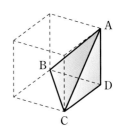

練習 5 右の図の三角柱において，次のような直線をそれぞれすべて答えなさい。

(1) 平面 ABC と平行な直線

(2) 平面 ABC と垂直な直線

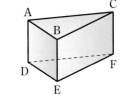

　点Aから平面Pに引いた垂線を ℓ とし，ℓ と P との交点をHとする。このとき，線分 AH の長さを，**点Aと平面Pの距離** という。

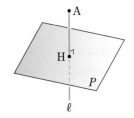

　角錐や円錐において，頂点と底面との距離を，角錐や円錐の高さという。

　例 2 の三角錐 ABCD において，△BCD を底面とすると，線分 AD の長さは，この三角錐の高さである。

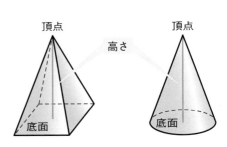

練習 6 例 2 の三角錐 ABCD において，△ABD を底面と考える。このとき，高さとなる線分を答えなさい。

■ 2 平面の位置関係

異なる 2 平面 P, Q の位置関係には，次の 2 つの場合がある。

[1] 交わる　　　　　　　　　[2] 交わらない

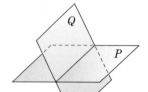 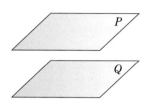

2 平面 P, Q が交わらないとき，P と Q は **平行** であるといい，$P /\!/ Q$
5　と表す。

2 平面が交わるとき，それらの交わりは
直線になる。これを 2 平面の **交線** という。

右の図のように，平行な 2 平面 P, Q に
別の平面 R が交わるとき，2 本の交線 m,
10　n は平面 R 上にあって交わることはない。

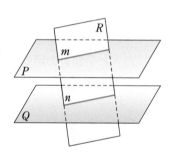

したがって，次のことがいえる。

平行な 2 平面に 1 つの平面が交わるとき，2 本の交線は平行である。

右の図のように，2 平面 P, Q の交線 ℓ
上に点 A をとり，

15　　　　P 上に $\ell \perp AB$ となる点 B，

　　　　Q 上に $\ell \perp AC$ となる点 C

をとる。このとき，$\angle BAC$ を 2 平面 P と
Q の **なす角** という。

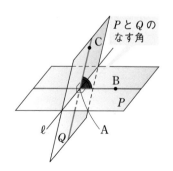

PとQのなす角が$90°$のとき，平面PとQは **垂直** であるといい，$P \perp Q$ と表す。

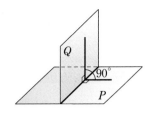

2平面P，Qに対して，一方の平面に垂直な直線を他方の平面が含むとき，

5　　PとQは垂直になる。

例3　右の図は，立方体を半分にした立体である。

このとき，直線 AB，DE は平面 BCFE と垂直であるから，直線 AB，

10　　DE を含む平面は，平面 BCFE と垂直になる。

よって，平面 ABED，ABC，DEF は，平面 BCFE と垂直である。

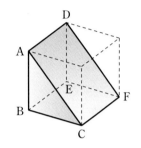

練習7▶ 例3の立体において，平面 ACFD と垂直な平面をすべて答えなさい。

15　　平行な2平面P，Qにおいて，P上のどこに点Aをとっても，点Aと平面Qとの距離は一定である。

この一定の距離を，**平行な2平面P，Q間の距離** という。

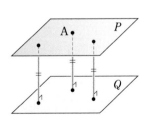

20　　角柱や円柱において，2つの底面は平行である。この2平面間の距離を，角柱や円柱の高さという。

高さ

2. 空間における平面と直線 | **47**

3. 立体のいろいろな見方

面が動いてできる立体

合同な多角形や円をたくさん作って重ねると，角柱や円柱ができる。

5 右の図のように，角柱や円柱は，底面がそれと垂直な方向に動いてできた立体と見ることもできる。

このとき，動いた距離が立体の高さである。

例 4
1辺が5cmの正方形を，それと垂直10 な方向に5cmだけ動かしてできる立体は，1辺が5cmの立方体と見ることができる。

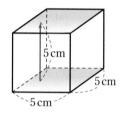

練習 8 半径が5cmの円を，それと垂直な方向に10cmだけ動かしてできる立体は，どのような立体と見ることができるか答えなさい。

15 ある直線を軸として，平面図形を1回転させることでも立体ができる。

右の図のように，直線 ℓ を軸として，長方形や直角三角形を1回転させると，それぞれ円柱，円錐になる。

20 円柱や円錐のように，1つの図形を，その平面上の直線 ℓ の周りに1回転させてできる立体を **回転体** といい，直線 ℓ を **回転の軸** という。

このとき，円柱や円錐の側面をえがく線分を，円柱や円錐の**母線**という。

円柱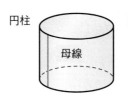

円錐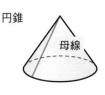

例題 1 右の図の台形 ABCD を，辺 DC を含む直線を軸として 1 回転させた回転体は，どのような立体になるか説明しなさい。

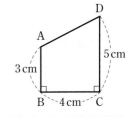

解答 A から辺 DC に引いた垂線の足を H とすると

CH＝BA＝3 (cm)，

DH＝5－3＝2 (cm)

したがって，求める立体は，底面の半径が 4 cm，高さが 3 cm の円柱と，底面の半径が 4 cm，高さが 2 cm の円錐を合わせた，右の図のような立体である。 終

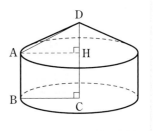

練習 9 半円を，その直径を含む直線を軸として 1 回転させた回転体は，どのような立体になるか説明しなさい。

練習 10 右の図の台形 ABCD を，直線 ℓ を軸として 1 回転させた回転体の見取図をかきなさい。

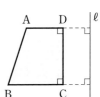

■ 立体の切断

　回転体である円錐を，回転の軸を含むどのよう
な平面で切っても，切り口は二等辺三角形になる。
　このように，直線 ℓ を回転の軸とする回転体を，
5　ℓ を含む平面で切った切り口は，ℓ を対称の軸と
する線対称な図形になる。

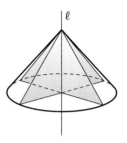

　練習 11 ▶ 回転体である円錐を，その軸に垂直な平面で切った切り口は，どの
ような図形になるか答えなさい。

　立体を 1 つの平面で切断すると，切り口にはいろいろな図形が現れる。
10　たとえば，下の図は，立方体 ABCDEFGH の辺 AD，CD 上の点をそ
れぞれ M，N としたとき，この立方体を直線 MN を含む平面で切った
ものである。この切り口には，三角形，四角形，五角形，六角形のいず
れかが現れる。(*)

　多面体を 1 つの平面で切った切り口には，多面体の面上に辺をもつ多
15　角形が現れる。

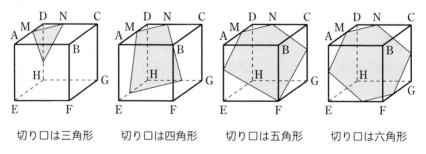

切り口は三角形　　切り口は四角形　　切り口は五角形　　切り口は六角形

（＊）　立方体の各面と切断面の交線が，切り口の多角形の辺となる。立方体の面は
　　　6 つであるから，切り口は七角形や八角形にはならない。
　　　なお，立方体の向かい合う面に現れる辺は平行である。

例題 **2** 直方体 ABCDEFGH を 1 つの平面で切った切り口が，右の図のような四角形 PQRS になった。この四角形はどのような形の四角形か答えなさい。

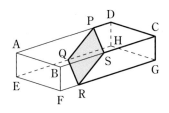

（考え方）平行な 2 平面と交わる平面の性質に注目する。

解答 平面 ABCD と平面 EFGH は平行であるから

$$PS \parallel QR$$

平面 AEHD と平面 BFGC は平行であるから

$$QP \parallel RS$$

したがって，切り口の四角形は，2 組の向かい合う辺が平行であるから，平行四辺形である。 答

練習 **12** 立方体 ABCDEFGH を，右の図のように 3 点 A，C，F を通る平面で切ると，その切り口は三角形になる。この三角形はどのような形の三角形か答えなさい。

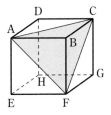

多面体を 1 つの平面で切ると，2 つの多面体に分けることができる。

たとえば，右の図のように，三角柱 ABCDEF を，3 点 A，E，F を通る平面で切ると，頂点 D を含む方は三角錐になり，D を含まない方は四角錐になる。

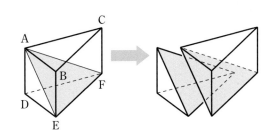

　左下の見取図で表される円錐は，正面から見ると二等辺三角形に，真上から見ると円に，それぞれ見える。

　立体を正面から見た図を **立面図**，真上から見た図を **平面図** といい，立面図と平面図をまとめて，右下の図のように表したものを **投影図** という。

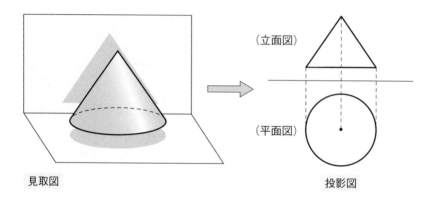

見取図　　　　　　　　　　　　　　　投影図

　見取図と同様に投影図でも，実際に見える線は実線 —— で表し，見えない線は破線 …… で表す。

練習 13 ▶ 右の投影図で表される立体の見取図をかきなさい。

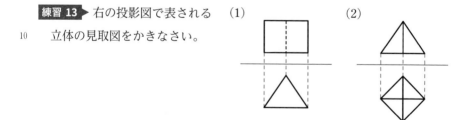

　立面図と平面図に，立体を真横から見た図を加えて，投影図を表すこともある。

展開図

多面体を，その辺にそって切り開いて平面上に広げると，多面体の展開図が得られる。

₅　たとえば，右の図は，正四面体と立方体の展開図の例である。

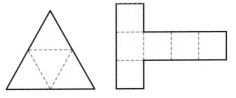

例 5　左下の図は，立方体の展開図である。この展開図を組み立てると，面ア～カの位置関係は，右下の図のようになる。

したがって，面アとカは平行である。

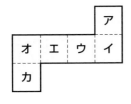

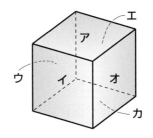

₁₀　**練習 14**　右の図は，立方体の展開図である。この展開図を組み立ててできる立方体について，面イと平行な面を答えなさい。

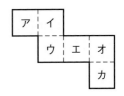

練習 15　右の図は，立方体の展開図である。この展開図を組み立ててできる立方体について，辺 AB と垂直になる面をすべて
₁₅　答えなさい。

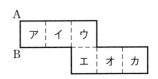

例題 **3** 右の図は，正八面体の展開図である。この展開図を組み立ててできる正八面体について，次の点や面を答えなさい。

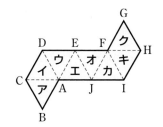

5 (1) 点Ｉに重なる点

(2) 面エと平行になる面

考え方 展開図を組み立ててできる立体の辺や面の位置関係は，立体の見取図をかいて考える。

(1) 組み立てたときに重なる点や辺を順に考える。

10 (2) 正八面体は向かい合う面が平行である。

解答 (1) 展開図を組み立てたとき，

点Ｊと点Ｂが重なり，辺BC

と辺JIが重なるから，点Ｉに

重なる点は 点Ｃ 答

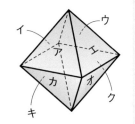

15 (2) 展開図を組み立ててできる

正八面体は，右の図のように

なる。

正八面体は向かい合う面が平行であるから，面エと平行

になる面は 面キ 答

---

20 練習 **16** 右の図は，正八面体の展開図である。この展開図を組み立ててできる正八面体について，次の点や面をすべて答えなさい。

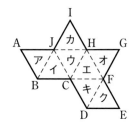

(1) 点Ａに重なる点

25 (2) 面カと平行になる面

空間における立体の問題も，展開図を利用すると，平面上の図形に直して考えることができる。

例題 4 下の図のような正三角錐 ABCD と，その展開図がある。正三角錐の頂点Bから，辺 AC 上の点Eを通って点Dまで，図のようにひもをかけるとき，ひもの長さが最も短くなるような点Eの位置を，展開図に示しなさい。

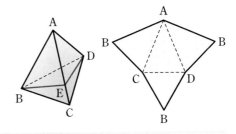

解答 展開図において，2点 B，D を結ぶ線のうち，最も長さが短いのは線分 BD である。
したがって，右の図のように，線分 BD と AC の交点がEとなる。 終

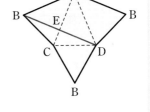

立体の表面上の2点を結ぶ線を最も短くする問題は，上の例題のように展開図で考えるとよい。

練習 17 ▶ 右の図 [1] のような立方体の頂点AからHまで，図のようにひもをかける。ひもの長さが最も短くなるようなひもの通る位置を，図 [2] の展開図に示しなさい。

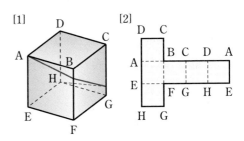

円柱と円錐の展開図についてまとめておこう。

円柱を，その母線の1つ AB にそって切り開くと，下の図のような展開図が得られる。

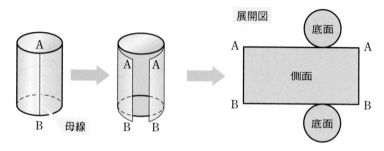

円柱の展開図は，底面となる2つの円と，側面となる長方形で表される。このとき，円柱の展開図において，次のことがいえる。

（側面の長方形の横の長さ）＝（底面の円周の長さ）

円錐を，その母線の1つ AB にそって切り開くと，下の図のような展開図が得られる。

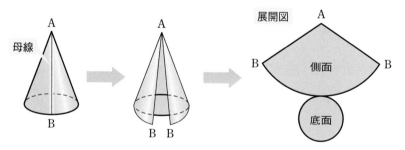

円錐の展開図は，底面となる円と，側面となる扇形で表される。円錐の展開図において，側面の扇形の半径は，円錐の母線の長さに等しい。また，次のことがいえる。

（側面の扇形の弧の長さ）＝（底面の円周の長さ）

4. 立体の表面積と体積

表面積

立体の，すべての面の面積の和を **表面積**

1つの底面の面積を **底面積**

5 側面全体の面積を **側面積**

という。

いろいろな立体の表面積について考えよう。

たとえば，右の展開図で表される正四角錐の

底面積は $4 \times 4 = 16 \, (\text{cm}^2)$

10 側面積は $\left(\dfrac{1}{2} \times 4 \times 6 \right) \times 4 = 48 \, (\text{cm}^2)$

表面積は $16 + 48 = 64 \, (\text{cm}^2)$

である。

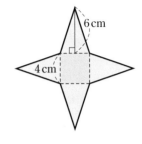

 底面の半径が 3 cm，高さが 7 cm の円柱の表面積

底面積は

$$\pi \times 3^2 = 9\pi \, (\text{cm}^2)$$

15 側面積は

$$7 \times (2\pi \times 3) = 42\pi \, (\text{cm}^2)$$

よって，表面積は

$$9\pi \times 2 + 42\pi = 60\pi \, (\text{cm}^2)$$

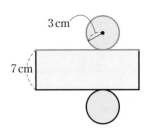

20 **練習 18** 次のような立体の表面積を求めなさい。

(1) 底面が1辺6 cm の正方形で，高さが4 cm の四角柱

(2) 底面の半径が5 cm，高さが6 cm の円柱

立体の表面積は，展開図で考えるとわかりやすいことが多い。

例題 5 底面の半径が 5 cm，母線の長さが 12 cm である円錐の表面積を求めなさい。

考え方 31 ページで学んだ次の関係を用いる。

$$（扇形の面積）＝\frac{1}{2}×（弧の長さ）×（半径）$$

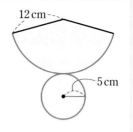

解答 底面積は $\pi×5^2＝25\pi$

側面の扇形の弧の長さは

$$2\pi×5＝10\pi$$

よって，側面積は

$$\frac{1}{2}×10\pi×12＝60\pi$$

したがって，表面積は

$$25\pi＋60\pi＝85\pi$$

答 85π cm^2

注意 例題において，解答途中の単位の記載は以後省略する。

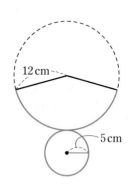

例題 5 において，半径 12 cm の円と半径 5 cm の円の周の長さの比は 12：5
扇形の弧の長さと中心角の大きさは比例するから，側面となる扇形の中心角の大きさは

$$360°×\frac{5}{12}＝150°$$

である。

練習 19 次のような面積を求めなさい。

(1) 底面の半径が 3 cm，母線の長さが 9 cm である円錐の側面積

(2) 底面の半径が 4 cm，母線の長さが 6 cm である円錐の表面積

■ 角柱と円柱の体積

直方体の体積は次の式で求められる。

(直方体の体積)＝(縦)×(横)×(高さ)

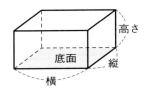

この式は，直方体の体積を V，底面積を S，
5　高さを h とすると，次のように表すことがで
きる。

$$V = Sh$$

三角柱，四角柱といった角柱の体積も，直
方体と同じように，底面積と高さの積として
10　求めることができる。

したがって，角柱の体積について，次のこ
とが成り立つ。

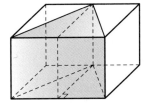

上の図の三角柱の底面積
や体積は，それぞれ直方
体の底面積や体積の半分
である。

> 角柱の体積
>
> 底面積が S，高さが h である角柱の体積
> 15　を V とすると
> $$V = Sh$$

このことから，次のことがわかる。

底面積と高さがそれぞれ等しい角柱の体積は等しい。

例7　右の図のような三角柱の体積は

20　
$$\left(\frac{1}{2} \times 3 \times 4\right) \times 2 = 12 \ (\text{cm}^3)$$

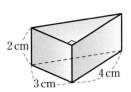

次の角柱の体積を求めなさい。

(1)

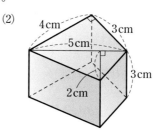

3cm
8cm
5cm

(2)

4cm
3cm
5cm
3cm
2cm

　円柱の体積も，角柱の体積と同じように，底面積と高さの積として求めることができる。

5　　したがって，円柱の体積について，次のことが成り立つ。

> **円柱の体積**
>
> 底面の半径が r，高さが h である円柱の体積を V とすると
> $$V = \pi r^2 h$$

10

円柱を細かく分けていくと，円柱の体積は三角柱の体積の和として考えられる。

練習 **21** 底面の半径が 4 cm，高さが 6 cm である円柱の体積を求めなさい。

練習 **22** 右の図のような，底面が半径 5 cm，中心角 120° の扇形で，高さが 9 cm である立体の体積を求めなさい。

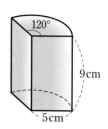

120°
9cm
5cm

角錐と円錐の体積

　右の図 [1] は正三角錐で，図
[2] は，[1] の正三角錐と底面が
合同で高さが等しい三角柱を平面
5　で切ってできた三角錐である。

　このとき，[1] の正三角錐を底
面に平行な平面で細かく切って板
状にし，それらをずらしていくと，
[2] と同じ形の三角錐とみなすこ
10　とができるようになるから，[1]
と [2] の三角錐の体積は等しいと考えてよい。

　一般に，角錐について，次のことがいえる。

[1]

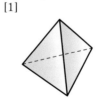
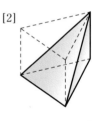
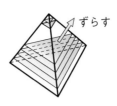
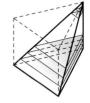

> 底面積と高さがそれぞれ等しい角錐の体積は等しい。

　三角柱は，下の図のように体積が等しい 3 つの三角錐に分けることが
15　できるから，三角錐の体積は，それぞれ三角柱の体積の $\dfrac{1}{3}$ である。

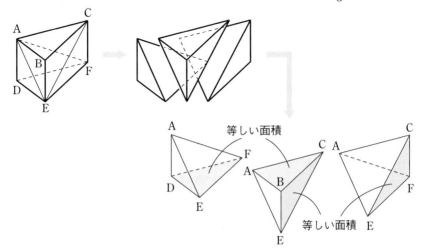

一般に，角錐の体積について，次のことが成り立つ。

角錐の体積

底面積が S, 高さが h である角錐の体積を V とすると

$$V = \frac{1}{3}Sh$$

5　練習 23 ▶ 次の角錐の体積を求めなさい。

(1)

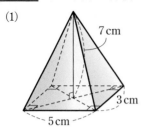

7 cm
3 cm
5 cm

(2)

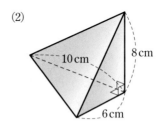

10 cm
8 cm
6 cm

円錐の体積の求め方について考えよう。

円錐を，右の図のように，同じ形の立体に分けていく。

10　この分け方をどんどん細かくしていくと，分けられた各立体は三角錐とみなすことができるようになるから，円錐の体積も，角錐の体積と同様に求めることができる。

したがって，円錐の体積について，次のことが成り立つ。

15　円錐の体積

底面の半径が r, 高さが h である円錐の体積を V とすると

$$V = \frac{1}{3}\pi r^2 h$$

練習 24 ▶ 底面の半径が 6 cm，高さが 5 cm である円錐の体積を求めなさい。

球の表面積と体積

空間において，ある1点から等しい距離にある点の集まりは球面を表す。

球面のことを単に球ともいう。

5 　球の表面積と体積について，次のことが成り立つ。

> **球の表面積と体積**
>
> 半径が r の球の表面積を S，体積を V とすると
> $$S = 4\pi r^2, \quad V = \frac{4}{3}\pi r^3$$

上の公式を用いて，球の表面積と体積を求めよう。

10 **例 8** 半径が $6\,\mathrm{cm}$ の球の表面積を S，体積を V とすると

$$S = 4\pi \times 6^2 = 144\pi \ (\mathrm{cm}^2)$$

$$V = \frac{4}{3}\pi \times 6^3 = 288\pi \ (\mathrm{cm}^3)$$

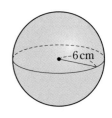

練習 25 半径が $2\,\mathrm{cm}$ である球の表面積と体積を求めなさい。

15 **練習 26** 右の図のように，半径が $5\,\mathrm{cm}$ の半球，底面の半径と高さがともに

$5\,\mathrm{cm}$ の円錐，底面の半径と高さがともに $5\,\mathrm{cm}$ の円柱がある。

(1) 半球の体積は円錐の体積の何倍であるか答えなさい。また，円柱の体積は半球の体積の何倍であるか答えなさい。

20 (2) 半球の底の部分を除いた表面の面積，円柱の側面積をそれぞれ求め，2つの面積の間にどのような関係があるか答えなさい。

いろいろな立体の体積

例題 6 右の図の直角三角形 ABC を,
辺 AC を軸として 1 回転させて
できる立体の体積を求めなさい。

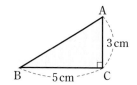

5

解答 できる立体は, 右の図のような,
底面の半径が 5 cm, 高さが 3 cm
の円錐である。
したがって, 求める体積は

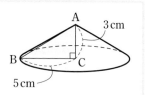

$$\frac{1}{3} \times \pi \times 5^2 \times 3 = 25\pi$$

答 25π cm³

10 **練習 27** 右の図の直角三角形 ABC を, 次のように
1 回転させてできる立体の体積を求めなさい。
(1) 辺 AC を軸として 1 回転させる。
(2) 辺 BC を軸として 1 回転させる。

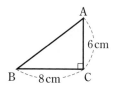

体積が直接求められない場合には, 立体をいくつかの部分に分けたり,
15 大きい立体を考えて, そこから余分な立体を除いたりして考えるとよい。

練習 28 右の図のような, AD // BC で
AD=3 cm, BC=6 cm, CD=4 cm
の台形 ABCD を, 次のように 1 回転させてできる
立体の体積を求めなさい。

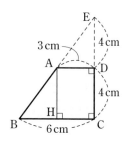

20 (1) 辺 BC を軸として 1 回転させる。
(2) 辺 CD を軸として 1 回転させる。

例題 **7**

右の図は，1辺の長さが 6 cm の立方体である。この立方体の 4 点 A，C，F，H を頂点とする立体について，その体積を求めなさい。

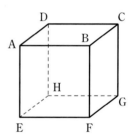

5 （考え方） 立方体から，余分な立体を除いて考える。

解答 できる立体は，右の図のような四面体で，立方体から，三角錐
BACF，EAFH，
DACH，GCFH
10 を除いたものである。

このとき，4つの三角錐の体積は等しく，それぞれの体積は

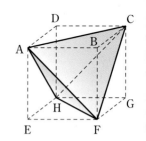

$$\frac{1}{3} \times \left(\frac{1}{2} \times 6 \times 6 \right) \times 6 = 36$$

また，立方体の体積は　　$6 \times 6 \times 6 = 216$

15 よって，求める立体の体積は

$$216 - 36 \times 4 = 72$$

答 72 cm³

上の例題において，四面体 ACFH の各面は正三角形になるから，この四面体は正四面体である。

練習 **29** 立方体の各面の対角線の交点を頂点とし，
20 隣り合った面どうしの頂点を結ぶことによって，立方体の中に多面体がつくられる。

(1) この多面体の名前を答えなさい。

(2) 立方体の 1 辺の長さが 6 cm であるとき，中につくられる多面体の体積を求めなさい。

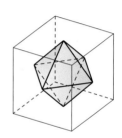

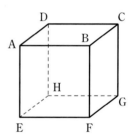

確認問題

1 右の図の直方体の各辺を延長した直線や，各面を含む平面について，次の位置関係にある図形をすべて答えなさい。

5   (1) 直線 AE と平行な直線

  (2) 直線 AD とねじれの位置にある直線

  (3) 直線 BC と垂直な平面

2 右の図は，ある立体の投影図である。この立体は，底面に平行または垂直な面で囲まれている。

10   この立体の見取図をかきなさい。

  また，この立体の面の数を答えなさい。

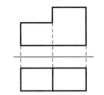

3 次の立体の表面積を求めなさい。

  (1) 底面が縦 4 cm，横 5 cm の長方形で，高さが 6 cm の直方体

  (2) 底面が半径 7 cm の円で，母線の長さが 12 cm の円錐

15 **4** 右の図の直方体において，M，N は，それぞれ辺 AB，AD の中点である。このとき，4 点 A，M，N，E を頂点とする立体の体積を求めなさい。

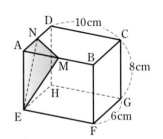

5 直径が 6 cm である球の表面積と体積を求めなさい。

1 空間内に異なる 2 直線 ℓ, m, 異なる 2 平面 P, Q がある。次の中からつねに正しい記述を選びなさい。

① $\ell /\!/ P$, $\ell /\!/ Q$ ならば $P /\!/ Q$ である。

② $\ell \perp P$, $m \perp P$ ならば $\ell /\!/ m$ である。

③ P が ℓ とも m とも交わらないならば, ℓ と m はねじれの位置にある。

2 右の図は, ある立体の展開図である。ただし, 展開図の 4 個の三角形は, すべて正三角形である。この展開図からつくられる立体について, 次の問いに答えなさい。

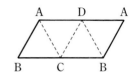

(1) 立体の見取図をかきなさい。

(2) 何という立体であるか答えなさい。

(3) 立体の辺 CD とねじれの位置にある辺を答えなさい。

3 右の図は三角錐の展開図で, 四角形 ABCD は 1 辺が 6 cm の正方形である。また, M, N は, それぞれ辺 AB, AD の中点である。この展開図からつくられる三角錐の見取図をかきなさい。また, その三角錐の体積を求めなさい。

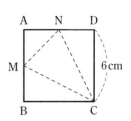

4 右の図形を直線 ℓ を軸として 1 回転させてできる立体の体積を求めなさい。

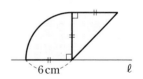

5 右の図は，12 個の正五角形の面と 20 個の正六角形の面からなるサッカーボール状の多面体で，どの頂点にも 1 個の正五角形の面と 2 個の正六角形の面が集まっている。この多面体の辺の数を求めなさい。

6 母線の長さが 8 cm，底面の半径が 2 cm の円錐を，右の図のように平面 Q 上に置く。この円錐を，頂点 O を固定し，Q 上をすべることなく転がすとき，何回転すると，初めてもとの位置に戻るか答えなさい。

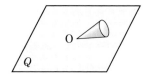

7 右の図は，底面が直角三角形の三角柱で，
    AB=4 cm，BC=6 cm，AD=12 cm
である。また，点 P, Q, R はそれぞれ辺 AD，BE，CF 上の点で，
    AP=6 cm，BQ=7 cm，CR=3 cm
である。3 点 P, Q, R を通る平面で，この立体を切って 2 つに分けるとき，頂点 E を含む方の立体の体積を求めなさい。

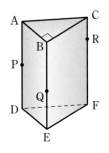

8 底面の半径が 6 cm，高さが 20 cm のふたのない円柱形の容器に，深さ 10 cm の位置まで水が入っている。この容器に，半径 3 cm の鉄の球を沈めるとき，水面の位置は何 cm 上がるか答えなさい。

正多面体が5種類しかないのはなぜ？

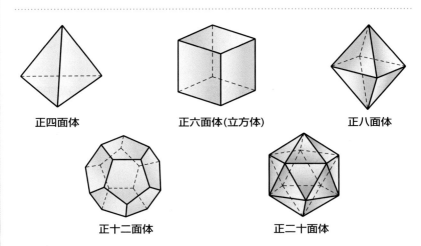

正四面体　　　　　正六面体(立方体)　　　　正八面体

正十二面体　　　　　　　正二十面体

5種類の正多面体を面の形によって分類すると次のようになります。

① 面が正三角形のもの

　　1つの頂点に3つの正三角形が集まるものが正四面体

　　1つの頂点に4つの正三角形が集まるものが正八面体

　　1つの頂点に5つの正三角形が集まるものが正二十面体

　　1つの頂点に6つの正三角形が集まると平面になって、空間を囲めない。

　　1つの頂点に7つ以上の正三角形を重ねずに集めることはできない。(＊)

② 面が正方形のもの

　　1つの頂点に3つの正方形が集まるものが正六面体

　　1つの頂点に4つ以上の正方形が集まると、①の(＊)の場合と同様に正多面体は作れない。

③ 面が正五角形のもの

　　1つの頂点に3つの正五角形が集まるものが正十二面体

　　1つの頂点に4つ以上の正五角形が集まると、①の(＊)の場合と同様に正多面体は作れない。

面が正六角形、正七角形、…… のものも、①の(＊)の場合と同様に正多面体を作ることができません。

このように考えると、正多面体は上の5種類しかないことがわかります。

第3章 図形の性質と合同

身のまわりには，同じ形を組み合わせたデザインがたくさん
あります。

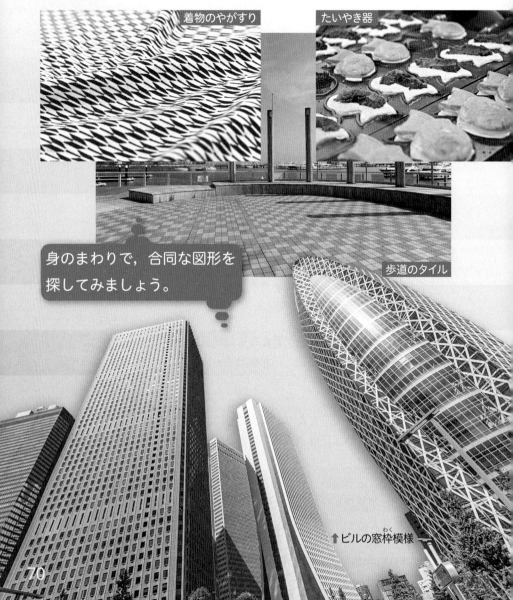

着物のやがすり

たいやき器

歩道のタイル

身のまわりで，合同な図形を
探してみましょう。

↑ビルの窓枠模様

ユークリッド（300B.C. 頃）
古代ギリシャの数学者 ➡

↓原論（ストイケイア）

古代ギリシャの数学者にユークリッドがいます。数学の中でも特に幾何学に対する貢献が大きく，「幾何学の父」と呼ばれています。紀元前 300 年頃，ユークリッドは，古代エジプトでの測量の技術から得られた図形に関する経験的知識を論理的に整理して体系化し，『原論（ストイケイア）』という著作にまとめました。この著作に述べられている内容は，現在の中学校や高等学校で学ぶ図形に関する主な内容と一致していることからもわかるように，23 世紀も経った現在でも通用するものであるといえるでしょう。

1. 平行線と角

対頂角

　2直線が交わるとき，その交点の周りには4つの角ができる。このうち，向かい合っている2つの角を **対頂角** という。

　たとえば，右の図で，∠a と ∠c は対頂角であり，∠b と ∠d は対頂角である。

　右上の図において，

$$∠b=180°-∠a$$
$$∠d=180°-∠a$$

であるから，∠b＝∠d となる。同じようにして，∠a＝∠c が成り立つこともわかる。

　これらのことは，2直線がどのように交わっていても成り立つから，対頂角について，次のことがいえる。

| 参　考 |

　2つの角の大きさの和が180°であるとき，2つの角は互いに **補角** であるという。たとえば，上の図で，∠b は ∠a の補角である。

対頂角の性質

対頂角は等しい。

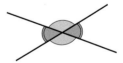

練習 1▶ 右の図のように3直線が1点で交わるとき，∠a，∠b，∠c，∠d の大きさをそれぞれ求めなさい。

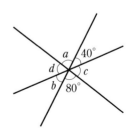

■ 同位角と錯角

　右の図のように，2直線 ℓ, m に直線 n が
交わるとき，$\angle a$ と $\angle e$，$\angle b$ と $\angle f$，$\angle c$ と
$\angle g$，$\angle d$ と $\angle h$ のような位置関係にある角
を，それぞれ **同位角** という。

　また，$\angle b$ と $\angle h$，$\angle c$ と $\angle e$ のような位
置関係にある角を，それぞれ **錯角** という。

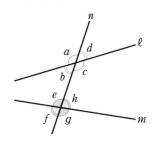

例題 1　右の図のように，2直線 ℓ, m に直線
　　　　n が交わるとき，次のことが成り立
　　　　つわけを説明しなさい。

$$\angle a = \angle c \quad ならば \quad \angle b = \angle c$$
$$\angle b = \angle c \quad ならば \quad \angle a = \angle c$$

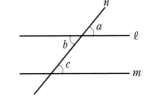

解答　$\angle a$ と $\angle b$ は対頂角であるから　　$\angle a = \angle b$
　　　　よって，$\angle a = \angle c$　ならば　$\angle b = \angle c$
　　　　　　　　$\angle b = \angle c$　ならば　$\angle a = \angle c$　終

練習2　右の図のように，2直線 ℓ, m に直線 n が
　　　交わるとき，次のことが成り立つわけを説明し
　　　なさい。

$$\angle a = \angle b \quad ならば \quad \angle c = \angle d$$

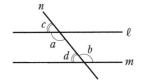

　上の例題1では，前のページで学んだ対頂角の性質を用いて，同位角
と錯角の間に成り立つ関係を説明した。このように，すでに正しいこと
が明らかにされた事柄を用いて，ある事柄が成り立つわけを示すことを
証明 という。

平行線と同位角，錯角

右の図のように1組の三角定規を用いると，平行線を引くことができる。

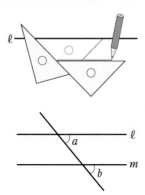

このようにして平行線が引けることは，右
5 下の図の同位角 ∠a と ∠b が等しいとき，2
直線 ℓ, m が平行になることを意味している。

さらに，2直線に1つの直線が交わるとき，
前のページの例題1により，錯角が等しいな
らば同位角も等しいから，次のことがいえる。

10 平行線になるための条件

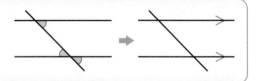

同位角または錯角が
等しいならば，
2直線は平行である。

平行な2直線に1つの直線が交わるときは，次のことがいえる。

15 平行線の性質

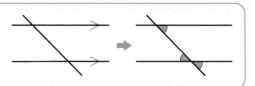

2直線が平行ならば，
同位角，錯角は
それぞれ等しい。

練習 3 ▶ 右の図において，次の問いに
20 答えなさい。

(1) ℓ // m である理由を答えなさい。

(2) ∠x, ∠y の大きさを求めなさい。

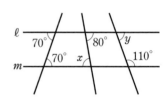

練習 4 ▶ 右の図において，

ℓ∥m，ℓ∥n ならば m∥n

であることを説明しなさい。

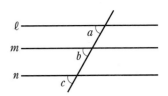

例題 2 右の図において，ℓ∥m のとき，∠x の大きさを求めなさい。

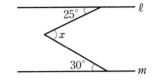

考え方 ℓ∥m であることに着目して，平行線の性質を利用することを考える。

∠x の頂点を通って，ℓ，m に平行な直線を引き，∠x を 2 つの角に分ける。

解 答 ∠x の頂点を通り ℓ に平行な
直線 n を引く。

図において，錯角は等しいから

∠a＝25°，∠b＝30°

よって　　∠x＝25°＋30°

　　　　　　＝55°　**答**

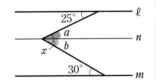

例題 2 の解答における直線 n のように，問題を解くための手がかりとして引く線を **補助線** という。

練習 5 ▶ 次の図において，ℓ∥m のとき，∠x の大きさを求めなさい。

(1)

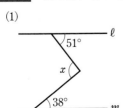

(2)

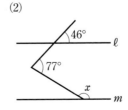

(3)

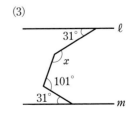

第3章

2. 多角形の内角と外角

三角形の内角と外角

　△ABC の 3 つの角 ∠A，∠B，∠C を **内角** という。また，右の図の ∠ACD や ∠BCE のような，1 つの辺とそれと隣り合う辺の延長がつくる角を，**外角** という。

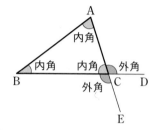

　小学校では，いくつかの三角形を調べて，角の大きさの和が 180° になることを知った。ここでは，どんな三角形についても内角の和が 180° になることを，平行線と角の性質を用いて証明してみよう。

　右の図のように，△ABC の辺 BC の延長上に点Dをとる。また，点Cを通り，辺 AB に平行な直線 CE を引く。

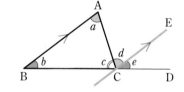

平行線の錯角は等しいから

$$∠a = ∠d$$

平行線の同位角は等しいから

$$∠b = ∠e$$

よって，△ABC において

$$∠a + ∠b + ∠c = ∠d + ∠e + ∠c$$
$$= ∠BCD$$

　3 点 B，C，D は一直線上にあるから，∠BCD＝180° であり，三角形の 3 つの内角の和は 180° となる。

また，このとき，次のことが成り立つ。

$$∠a + ∠b = ∠ACD$$

> 三角形の紙を切って角を 1 か所に集めると，3 つの内角の和が 180° になることを確かめられる。
>
>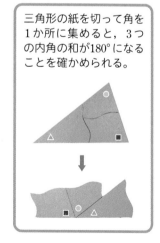

前のページで調べたことから，次のことがいえる。

三角形の内角と外角の性質

[1] 三角形の3つの内角の和は180°である。

[2] 三角形の1つの外角は，それと隣り合わない2つの内角の和に等しい。

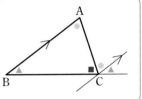

練習 6 ▶ 次の図において，∠x の大きさを求めなさい。

(1)

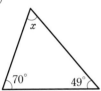

(2)

(3)

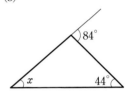

0° より大きく 90° より小さい角を **鋭角**，
90° より大きく 180° より小さい角を **鈍角**
という。三角形の1つの内角は 0° より大きく 180° より小さいから，鋭角，直角，鈍角のいずれかである。

三角形は，内角の大きさによって，次のように分類される。

鋭角三角形 3つの内角がすべて鋭角である三角形

直角三角形 1つの内角が直角である三角形

鈍角三角形 1つの内角が鈍角である三角形

練習 7 ▶ 2つの内角の大きさが次のような三角形は，鋭角三角形，直角三角形，鈍角三角形のどれであるか答えなさい。

(1) 35°, 55°   (2) 42°, 38°   (3) 61°, 74°

いろいろな角の大きさの求め方について考えよう。

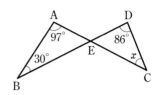

例題 3 右の図において，∠x の大きさを
求めなさい。

解答 △ABE において，内角と外角の性質から

$$∠AED = 97° + 30° = 127°$$

よって，△DEC において，内角と外角の性質から

$$∠x = 127° - 86° = 41°$$ **答**

練習 8 次の図において，∠x の大きさを求めなさい。ただし，(2)では，
$\ell \,/\!/\, m$ である。

(1)

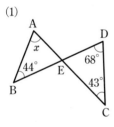

(2)

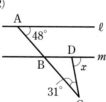

(3)

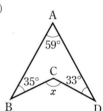

練習 9 右の図において，印をつけた角
の大きさの和を求めなさい。

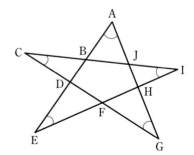

例題 4 $\angle A=70°$ である $\triangle ABC$ において，$\angle B$，$\angle C$ の二等分線の交点を D とする。このとき，$\angle BDC$ の大きさを求めなさい。

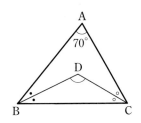

考え方 $\angle B$，$\angle C$ それぞれの大きさはわからないから，それらの和に着目する。

解答 $\triangle ABC$ において

$$\angle ABC+\angle ACB=180°-\angle BAC$$
$$=110°$$

$$\angle DBC=\frac{1}{2}\angle ABC,\quad \angle DCB=\frac{1}{2}\angle ACB \text{ であるから}$$

$$\angle DBC+\angle DCB=\frac{1}{2}(\angle ABC+\angle ACB)$$
$$=55°$$

よって，$\triangle DBC$ において

$$\angle BDC=180°-(\angle DBC+\angle DCB)$$
$$=125° \quad \boxed{\text{答}}$$

練習 10 $\angle A=60°$ である $\triangle ABC$ において，$\angle B$ と $\angle C$ の二等分線の交点を D とし，$\angle B$ の二等分線と $\angle C$ の外角の二等分線の交点を E とする。このとき，次の角の大きさを求めなさい。

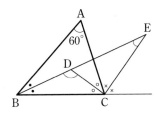

(1) $\angle BDC$ (2) $\angle DEC$

　一般に，$\triangle ABC$ において，$\angle B$，$\angle C$ の二等分線の交点を D とすると，$\angle BDC=90°+\dfrac{1}{2}\angle A$ が成り立つ。

多角形の内角と外角

多角形の内角と外角も，三角形の場合と同じように定める。たとえば，右の図の五角形において，∠A，∠B，∠C，∠D，∠AEDは，この五角形の内角であり，∠AEFと∠DEGは，ともに頂点Eにおける外角である。

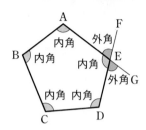

注意 180°より大きい内角に対しては，その外角を考えないものとする。

四角形，五角形，六角形は，1つの頂点を共有する対角線で，それぞれ2個，3個，4個の三角形に分けることができる。

一般に，n角形は，1つの頂点から$(n-3)$本の対角線が引けるから，$(n-2)$個の三角形に分けることができる。

n角形を$(n-2)$個の三角形に分けたとき，すべての三角形の内角の和は，もとのn角形の内角の和に等しいから，次のことがいえる。

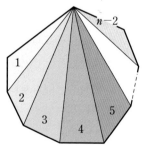

多角形の内角の和

n角形の内角の和は　$180° \times (n-2)$

例 1

六角形の内角の和は　$180° \times (6-2) = 720°$

練習 11 ▶ 五角形，七角形の内角の和を，それぞれ求めなさい。

練習 12 ▶ 次の問いに答えなさい。

(1) 正八角形の1つの内角の大きさを求めなさい。

(2) 内角の和が $1440°$ になるような多角形は何角形ですか。

5　多角形において，各頂点における外角を1つずつとった和を，多角形の外角の和という。

多角形の外角の和について考えてみよう。

多角形の各頂点における内角と1つの外角の和は $180°$ であるから，n 角形の内角の和

10　と外角の和の合計は　　　　$180° \times n$

n 角形の内角の和は $180° \times (n-2)$ であるから，n 角形の外角の和は

$$180° \times n - 180° \times (n-2) = 180° \times n - 180° \times n + 360° = 360°$$

したがって，n 角形の外角の和は一定で，次のことがいえる。

15　| **多角形の外角の和** |
| :--- |
| 多角形の外角の和は　$360°$ |

上のことから，正 n 角形の1つの外角の大きさは $\left(\dfrac{360}{n}\right)^{\circ}$ となることがわかる。

練習 13 ▶ 次の図において，$\angle x$ の大きさを求めなさい。

20　(1)

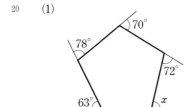

(2)

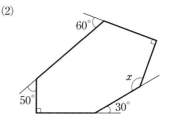

3. 三角形の合同

合同な図形

2つの合同な図形は、その一方を移動して、他方にぴったりと重ねることができる。このとき、重なり合う頂点、辺、角を、それぞれ **対応する頂点**、**対応する辺**、**対応する角** という。

合同な図形について、次のことが成り立つ。

> **合同な図形の性質**
>
> [1] 合同な図形では、対応する線分の長さはそれぞれ等しい。
> [2] 合同な図形では、対応する角の大きさはそれぞれ等しい。

2つの図形が合同であることを記号 ≡ を使って表す。

たとえば、右の図のように、△ABC を平行移動して △DEF にぴったりと重ねることができるとき、2つの三角形は合同で

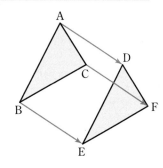

$$△ABC \equiv △DEF$$

と表される。

これは「三角形 ABC 合同 三角形 DEF」と読む。このように、記号 ≡ を用いるときは、対応する頂点を周にそって順に並べて書く。

練習 14 ▶ 右の図の2つの直角三角形は合同である。次の問いに答えなさい。

(1) 2つの三角形が合同であることを、記号 ≡ を用いて表しなさい。

(2) 辺 AB の長さと ∠EDF の大きさ、∠DEF の大きさを求めなさい。

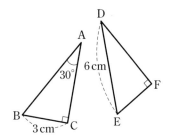

三角形の合同条件

2つの三角形が合同になるためには，辺や角についてどんな条件が必要になるだろうか。必要な条件を，等しい辺に着目して考えてみよう。

[1] 3組の辺がそれぞれ等しい場合

3辺の長さが与えられた三角形は，下の図のようにただ1通りに作図することができる。このことは，3組の辺がそれぞれ等しい2つの三角形は，合同であることを意味している。

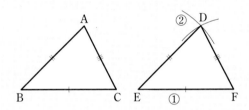

① 辺BCと長さの等しい線分EFを作図する。
② E，Fを中心として，それぞれ半径BA，CAの円をかき，その交点をDとする。

第3章

[2] 2組の辺が等しい場合

△ABC と △DEF において

$$AB=DE, \quad AC=DF,$$
$$\angle A = \angle D$$

とする。このとき，$\angle A$ が $\angle D$ に重なるように △ABC を移動

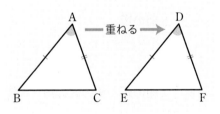

して，辺 AB は辺 DE に，辺 AC は辺 DF に，それぞれ重ねることができるから，△ABC は △DEF に重なる。このことは，2組の辺とその間の角がそれぞれ等しい2つの三角形は，合同であることを意味している。

練習 15 上の [2] において，AB=DE，AC=DF，$\angle B = \angle E$ の場合，△ABC と △DEF は合同であるとは限らない。どのような場合があるか，図をかいて答えなさい。

[3]　1組の辺が等しい場合

　　△ABC と △DEF において，

　　　　BC＝EF

　　　∠B＝∠E，∠C＝∠F

₅　とする。このとき，辺 BC が辺

　　EF に重なるように △ABC を

　　移動して，∠B は ∠E に，∠C

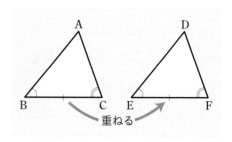

　は ∠F に，それぞれ重ねることができるから，△ABC は △DEF に重

　なる。このことは，1組の辺とその両端の角がそれぞれ等しい2つの三

₁₀　角形は，合同であることを意味している。

　　これまで調べたことから，**三角形の合同条件** は，次のようにまとめら

　れる。

> **三角形の合同条件**
>
> 　2つの三角形は，次のどれかが成り立つとき合同である。
>
> ₁₅　[1]　**3組の辺**
>
> 　　がそれぞれ等しい。
>
>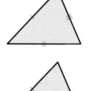
>
> [2]　**2組の辺とその間の角**
>
> 　　がそれぞれ等しい。
>
>
>
> [3]　**1組の辺とその両端の角**
>
> ₂₀　　がそれぞれ等しい。
>
>

注 意　上において，「辺」は「辺の長さ」，「角」は「角の大きさ」のことを表して
　　　いる。

練習 16 次の図において，合同な三角形を見つけ出し，記号 ≡ を使って表しなさい。また，そのとき使った合同条件を答えなさい。

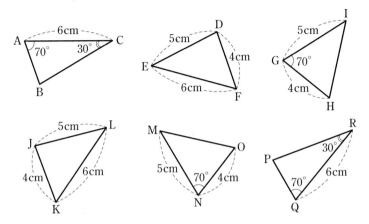

例 2 右の図において
$$AB=AC, \quad BD=CD$$
とする。

このとき，△ABD と △ACD において，AD は共通な辺であり，△ABD と △ACD は，3 組の辺がそれぞれ等しいから合同である。

すなわち　　△ABD≡△ACD

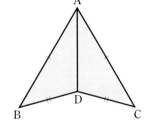

練習 17 右の図のように，2 つの線分 AB，CD が点 O で交わっており，
$$AO=BO, \quad CO=DO$$
である。このとき，図の 2 つの三角形が合同であることを，記号 ≡ を使って表しなさい。また，そのとき使った合同条件を答えなさい。

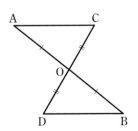

4. 証明

仮定と結論

　　73 ページの例題 1 では，右の図のように，
2 直線 ℓ，m に直線 n が交わるとき

5　　　　$\angle a = \angle c$　　ならば　　$\angle b = \angle c$

であることを証明した。

　　また，74 ページで述べた平行線の性質は，
この図において，たとえば

　　　　$\ell /\!/ m$　　ならば　　$\angle a = \angle c$

10　が成り立つことである。

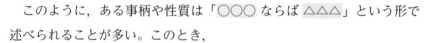

　　このように，ある事柄や性質は「○○○ ならば △△△」という形で
述べられることが多い。このとき，

　　　　○○○ の部分を **仮定**，△△△ の部分を **結論**

という。

15　**練習 18** 次の事柄の仮定と結論をそれぞれ答えなさい。

　(1)　$\triangle ABC \equiv \triangle DEF$ ならば $AB = DE$

　(2)　$a = b$ ならば $a + c = b + c$

証明のしくみと手順

　　一般に，ある事柄を証明する
20　には，仮定から出発して，すで
に正しいことが明らかにされた
事柄を根拠に，結論を導くこと
になる。

第1章で学んだ角の二等分線の作図法は，次のことを根拠としている。

四角形 OPRQ において

$$OP = OQ, \quad PR = QR$$

ならば

$$\angle POR = \angle QOR \quad である。$$

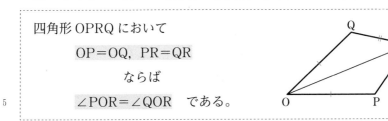

三角形の合同条件を用いて，このことを確かめよう。

そのためには，次の仮定から結論を導くことになる。

（仮定）　OP＝OQ，PR＝QR　　　　（結論）　∠POR＝∠QOR

証明の手順は下のようになる。

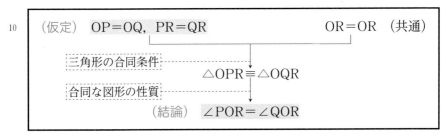

（仮定）　OP＝OQ，PR＝QR　　　　　　　OR＝OR　（共通）

　三角形の合同条件 ⋯⋯⋯⋯⋯⋯⋯⋯⋯⋯⋯⋯⋯⋯⋯⋯⋯

△OPR≡△OQR

　合同な図形の性質 ⋯⋯⋯⋯⋯⋯⋯⋯⋯⋯⋯⋯⋯

（結論）　∠POR＝∠QOR

上の証明の手順をもとに，証明の書き方を考えよう。

証明　△OPR と △OQR において　　　　　← 着目する三角形を明記する

　　　仮定から　　　　OP＝OQ　⋯⋯ ①　　　← 式に番号をつけると証明が
　　　　　　　　　　　　　　　　　　　　　　　　書きやすい

　　　　　　　　　　　PR＝QR　⋯⋯ ②

　　　共通な辺であるから　　　　　　　　　　← ③ が成り立つ根拠を示す

　　　　　　　　　　OR＝OR　⋯⋯ ③

　　　①，②，③ より，３組の辺がそれぞれ　　← 三角形の合同条件のうち，
　　　等しいから　　△OPR≡△OQR　　　　　　どれを用いたかを明記する

　　　合同な図形では対応する角の大きさは　← 合同な図形の性質のうち，
　　　等しいから　　∠POR＝∠QOR　　**終**　どれを用いたかを明記する

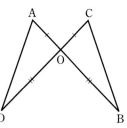

例題 5　右の図のように，線分 AB と CD が点
O で交わっている。

このとき，OA＝OC，OD＝OB ならば，
△AOD≡△COB であることを証明し
なさい。

[仮定]　OA＝OC，OD＝OB　　　[結論]　△AOD≡△COB

証明　　△AOD と △COB において

仮定から　　　OA＝OC　　　……①

OD＝OB　　　……②

対頂角は等しいから

∠AOD＝∠COB　　　……③

①，②，③ より，2組の辺とその間の角がそれぞれ等しいか

ら　　　　△AOD≡△COB　　　終

練習 19　右の図のような △PAB があり，辺 AB 上
に点Mをとる。このとき，AM＝BM，AB⊥PM
ならば，PA＝PB が成り立つ。

(1)　仮定と結論を答えなさい。

(2)　PA＝PB を証明しなさい。

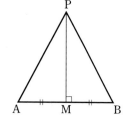

練習 20　右の図において，2点 D，E はそれぞれ
線分 AB，AC 上の点である。

このとき，AB＝AC，∠ABE＝∠ACD ならば，
BE＝CD であることを証明しなさい。

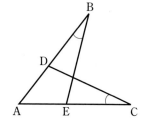

図形の性質を証明するとき，三角形の合同条件のほかに，平行線と角の関係や三角形の角の性質などがよく用いられる。

例題 **6**

右の図のように，AB∥DC，AD∥BC である四角形 ABCD がある。

このとき，AB＝CD，BC＝DA であることを証明しなさい。

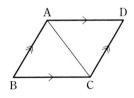

[仮定] AB∥DC，AD∥BC　　　[結論] AB＝CD，BC＝DA

証明 △ABC と △CDA において

共通な辺であるから　AC＝CA　　……①

仮定より AB∥DC であり，平行線の錯角は等しいから

∠BAC＝∠DCA　　……②

仮定より AD∥BC であり，平行線の錯角は等しいから

∠BCA＝∠DAC　　……③

①，②，③ より，1 組の辺とその両端の角がそれぞれ等しいから　　△ABC≡△CDA

合同な図形では対応する辺の長さは等しいから

AB＝CD，　BC＝DA　　終

注意 例題 6 で証明したことは，112 ページで利用する。

練習 **21** 右の図のように平行な 2 直線 ℓ，m があり，ℓ 上に 2 点 A，B が，m 上に 2 点 C，D がある。このとき，AD と BC の交点を O とすると，AO＝DO ならば BO＝CO であることを証明しなさい。

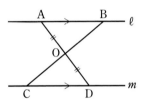

例題 **7** 右の図のように，2つの線分 AB，CD が点Oで交わっている。

このとき，AO＝BO，CO＝DO ならば，AC∥DB であることを証明しなさい。

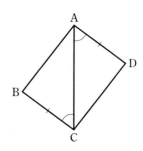

5 [考え方] 2直線が平行であることをいうためには，
同位角または錯角が等しいことがいえるとよい。

[仮定] AO＝BO，CO＝DO　　[結論] AC∥DB

証明　△AOC と △BOD において

仮定から　　　　　AO＝BO　　…… ①

10　　　　　　　　　CO＝DO　　…… ②

対頂角は等しいから

∠AOC＝∠BOD　…… ③

①，②，③ より，2組の辺とその間の角がそれぞれ等しいから

△AOC≡△BOD

15 合同な図形では対応する角の大きさは等しいから

∠OAC＝∠OBD

よって，錯角が等しいから

AC∥DB　　終

練習 22 ▶ 右の図の四角形 ABCD において，

20 AD＝BC，∠CAD＝∠ACB である。

このとき，AB∥DC であることを証明しな
さい。

図形の性質を証明するには，仮定から出発して結論を導けばよいが，問題が少し複雑になると，その道筋が簡単に見つかるとは限らない。このような場合は，結論から逆に出発して，結論がいえるためには何がわかるとよいかを考え，証明の方針を立てるとよい。

例題 8　右の図の △ABC は，AB＝AC，∠BAC＝90° の直角二等辺三角形である。

辺 BC 上に点 D をとり，図のように AD＝AE，∠DAE＝90° となる直角二等辺三角形 ADE をつくる。

このとき，△ABD≡△ACE であることを証明しなさい。

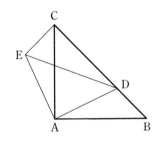

(考え方)　仮定から AB＝AC，AD＝AE であることはわかっている。
△ABD≡△ACE がいえるためには，∠BAD＝∠CAE であることがわかるとよい。

[仮定]　AB＝AC，∠BAC＝90°，AD＝AE，∠DAE＝90°
[結論]　△ABD≡△ACE

> **証明**　△ABD と △ACE において
>
> 仮定から　　　AB＝AC　　　　……①
>
> 　　　　　　　AD＝AE　　　　……②
>
> また　　　　∠BAD＝∠BAC−∠CAD＝90°−∠CAD
>
> 　　　　　　∠CAE＝∠DAE−∠CAD＝90°−∠CAD
>
> よって　　　∠BAD＝∠CAE　　……③
>
> ①，②，③より，2組の辺とその間の角がそれぞれ等しいから
>
> 　　　　　　　△ABD≡△ACE　　終

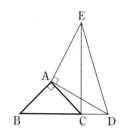

練習 23 ▶ 右の図のように，AB＝AC の直角二等
辺三角形 ABC において，辺 BC の延長上に点
D をとり，AD＝AE の直角二等辺三角形 ADE
をつくる。このとき，△ABD≡△ACE である
ことを証明しなさい。

定義，定理

小学校で，二等辺三角形は次のような三角形であることを学んだ。

「2 辺が等しい三角形を二等辺三角形という。」

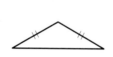

このように，用語や記号の意味をはっきり述べたものを **定義** という。

また，76 ページでは「三角形の 3 つの内角の和は 180° である」ことを
証明した。この性質は，図形の性質を証明するときの根拠としてよく用
いられる。

このような，証明された事柄のうち，よく使われるものを **定理** とい
う。定理をもとに導かれる重要な事柄も定理である。

対頂角の性質，多角形の内角と外角の性質などは，すべて定理である。

参考 6 ページでは，直線がもつ性質として，次のことを述べた。

「2 点を通る直線は 1 本しか引くことができない。」

このことは，証明なしでもだれもが認める事実であり，いつでも成り立つ
と仮定してもよい。このように，議論の出発点となる事柄を **公理** という。

1 次の図において，$\ell /\!/ m$ のとき，$\angle x$ の大きさを求めなさい。

(1)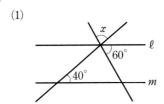

(2)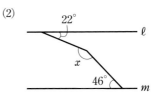

2 次の図において，$\angle x$ の大きさを求めなさい。

(1)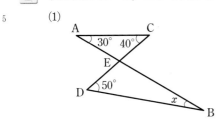

(2)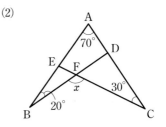

3 次の問いに答えなさい。

(1) 正九角形の1つの内角の大きさを求めなさい。

(2) 1つの外角の大きさが $30°$ である正多角形は正何角形か答えなさい。

4 右の図の △ABC において，辺 AB の中点をMとする。点Mを通り辺 BC，AC に平行な直線と，辺 AC，BC との交点をそれぞれ D，E とする。このとき，△AMD≡△MBE であることを証明しなさい。

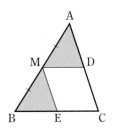

第3章

演習問題 A

1 次の図において，$\angle x$ の大きさを求めなさい。

(1)

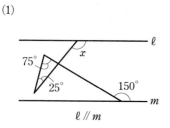

$\ell \,/\!/\, m$

(2)

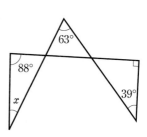

2 1つの内角の大きさが，その外角の大きさの4倍であるような正多角形は，正何角形か答えなさい。

3 右の図において，2直線 ℓ, m は平行である。また，五角形 ABCDE は正五角形である。図の $\angle x$ の大きさを求めなさい。

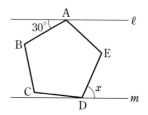

4 右の図のように，△ABC において，辺 AC 上に AD＝CE となる2点D，Eをとる。BE の延長と，点Cを通り辺 AB に平行な直線との交点をFとし，点Dを通り BF に平行な直線と直線 AB との交点をGとする。このとき，△AGD≡△CFE であることを証明しなさい。

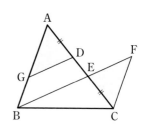

次の各図において，印をつけた角の大きさの和を求めなさい。

(1)

(2)

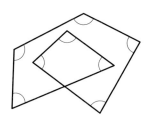

6 長方形のテープを，右の図のように，線分
AB を折り目として折り，さらに線分 CD を
折り目として折る。次の問いに答えなさい。

(1) ∠ABC＝70° のとき，∠ACX の大きさ
を求めなさい。

(2) ∠ABC＝x°，∠BCD＝y° とする。この
とき，∠BEC の大きさを x, y を用いて表
しなさい。

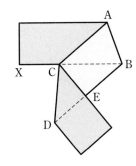

7 右の図のように，中心角が 90° である扇形
OAB の $\overset{\frown}{AB}$ 上に点Qがある。QからOAに垂
線 QH を引き，線分 OQ 上に点Pを，OH＝OP
となるようにとる。また，線分 QH と AP の交
点をRとする。このとき，次のことを証明しな
さい。

(1) ∠OPA＝90°

(2) HR＝PR

(3) 半直線 OR は ∠AOQ の二等分線

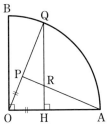

四角形の合同条件

たいちさん

三角形以外にも合同条件があるかどうか
調べてみましょう。

三角形の合同条件があるのだから，
四角形にも合同条件がありそうですね。

けいこさん

対応する 4 組の辺と 4 組の角が等しければ
合同だと思いますが…。

確かにそうですね。
三角形も，対応する 3 組の辺と 3 組の角が
等しければ合同です。でも合同条件の辺や
角は 6 つも必要なかったですよね。

先生

三角形の場合は
「3 組の辺」「2 組の辺とその間の角」
「1 組の辺とその両端の角」でしたね。

では，4 組の辺がそれぞれ等しければ
いいのではないですか。

4 組の辺がそれぞれ等しい。

AB＝A′B′   BC＝B′C′
CD＝C′D′   DA＝D′A′

条件を満たすように四角形をかいたときに
四角形が1つに決まるかどうかで
判断してみましょう。

下の図のようにもできるから，
条件を満たす四角形は
いくつか出てきますね。

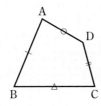
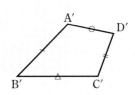

あ，本当だ。
4組の辺を等しくしても，
必ず合同になるわけではないのですね。
条件が足りないのかな。

角の大きさも必要だと思いますよ。

では，何組の角が等しければいいのでしょうか。

3組の角，2組の角，1組の角，と条件を
減らしていって，合同になるかどうか
確認してみましょう。

第4章 三角形と四角形

折り紙を折るといろいろな図形を
つくることができます。

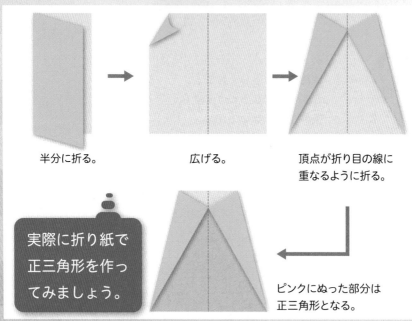

半分に折る。

広げる。

頂点が折り目の線に
重なるように折る。

実際に折り紙で
正三角形を作っ
てみましょう。

ピンクにぬった部分は
正三角形となる。

巻末に発展的な問題を載せています。

この章を学んだ後にチャレンジしてみましょう。

←関孝和（1640?-1708）
日本の数学者

←新編塵劫記 3 巻
吉田光由 著

『塵劫記』は，日本独自の数学である和算の算術書です。江戸時代を通じて多くの寺子屋で使用された算術書の大ベストセラーで，『塵劫記』といえば数学そのものを意味するようになるほど，人々に親しまれました。

著者の吉田光由（1598-1673）は，当時の日常生活に必要な算術全般についてまとめ，単位計算，かけ算の九九，面積の求め方などを執筆しました。和算の大家である関孝和も『塵劫記』を読んで，数学の知識を身につけたといいます。

1. 二等辺三角形

多角形の中で，最も基本的な図形は三角形である。ここでは，特徴のある三角形について，その性質を調べよう。

二等辺三角形

5　二等辺三角形は，次のように定義される三角形である。

定義　2辺が等しい三角形を **二等辺三角形** という。

まずは，次の例題について考えよう。

例題 1　△ABC において，AB＝AC ならば ∠B＝∠C であることを証明しなさい。

10　[考え方]　補助線を引いて，合同な2つの三角形をつくる。

[仮定]　AB＝AC　　[結論]　∠B＝∠C

証明　∠A の二等分線と辺 BC の交点をD とする。

△ABD と △ACD において

仮定から　　AB＝AC　　……①

15　AD は ∠A の二等分線であるから

∠BAD＝∠CAD　　……②

共通な辺であるから

AD＝AD　　……③

①，②，③ より，2組の辺とその間の角がそれぞれ等しい

20　から　　　　△ABD≡△ACD

合同な図形では対応する角の大きさは等しいから

∠B＝∠C　　終

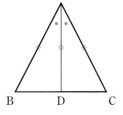

二等辺三角形において，等しい辺の間の角を **頂角**，頂角に対する辺を **底辺**，底辺の両端の角を **底角** という。

前のページで調べたことから，二等辺三角形について，次のことが成り立つ。

二等辺三角形の底角

> **定理** 二等辺三角形の 2 つの底角は等しい。

練習 1 ▶ AB＝AC である次の二等辺三角形について，∠x の大きさを求めなさい。

(1)
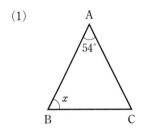

(2)
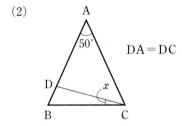

DA＝DC

例題 1 の証明において，△ABD≡△ACD から，BD＝CD が成り立つ。

また，∠ADB＝∠ADC が成り立つから

$$∠ADB＝∠ADC＝90°$$

である。

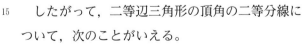

したがって，二等辺三角形の頂角の二等分線について，次のことがいえる。

二等辺三角形の頂角の二等分線

> **定理** 二等辺三角形の頂角の二等分線は，底辺を垂直に 2 等分する。

例題 2 AB＝AC である二等辺三角形 ABC において，辺 BC の中点を Dとする。このとき，次のことを証明しなさい。

$$\angle BAD = \angle CAD, \quad \angle ADB = \angle ADC = 90°$$

[仮定] AB＝AC，BD＝CD

[結論] ∠BAD＝∠CAD，∠ADB＝∠ADC＝90°

証明 △ABD と △ACD において

仮定から　　　　　AB＝AC　……①

　　　　　　　　　BD＝CD　……②

共通な辺であるから　AD＝AD　……③

①，②，③ より，3組の辺がそれぞれ

等しいから　　　△ABD≡△ACD

合同な図形では対応する角の大きさは等しいから

∠BAD＝∠CAD，∠ADB＝∠ADC＝90°　終

上の線分 AD のように，三角形の頂点と，その向かい合う辺の中点を結んだ線分を **中線**（ちゅうせん）という。

例題 2 は，二等辺三角形の頂点から底辺に引いた中線が，底辺を垂直に 2 等分することを示している。

練習 2 AB＝AC である二等辺三角形 ABC において，頂点 A から底辺 BC に引いた垂線の足をDとする。BD＝CD であることを証明しなさい。

二等辺三角形については，一般に，次のことが成り立つ。

二等辺三角形の性質

定理 二等辺三角形において，頂角の二等分線，頂点から底辺に引いた中線・垂線，底辺の垂直二等分線は，すべて一致する。

■ 2つの角が等しい三角形

　これまでは，二等辺三角形，すなわち2つの辺が等しい三角形について考えた。ここでは，2つの角が等しい三角形について考えよう。

例題 3　△ABC において，∠B＝∠C ならば AB＝AC であることを証明しなさい。

[仮定]　∠B＝∠C　　　[結論]　AB＝AC

証明　∠A の二等分線と辺 BC の交点を D とする。

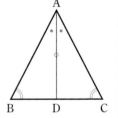

　　　△ABD と △ACD において

　　　仮定から　　　∠B＝∠C

　　　　　　　　　∠BAD＝∠CAD　……①

　　　よって，三角形の残りの角も等しいから

　　　　　　　　　∠ADB＝∠ADC　……②

　　　また，共通な辺であるから　　AD＝AD　……③

　　　①，②，③より，1組の辺とその両端の角がそれぞれ等しいから　　△ABD≡△ACD

　　　合同な図形では対応する辺の長さは等しいから

　　　　　　　　　AB＝AC　　終

　上の結果から，2つの角が等しい三角形について，次のことがいえる。

2つの角が等しい三角形

> **定理**　2つの角が等しい三角形は，二等辺三角形である。

練習 3　2つの内角の大きさが次のような三角形 ① ～ ④ の中から，二等辺三角形をすべて選びなさい。

① 60°，70°　　② 50°，80°　　③ 30°，120°　　④ 130°，20°

■ 正三角形

正三角形は，次のように定義される三角形である。

定義　3辺が等しい三角形を **正三角形** という。

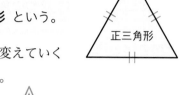

二等辺三角形の底辺を固定して高さを変えていく

5 と，途中で正三角形になるところがある。

よって，正三角形は二等辺三角形
の特別な場合であるから，二等辺三
角形の性質をすべてもっている。

△ABC が正三角形であるとき，

10　　　　AB＝AC から　∠B＝∠C

　　　　BA＝BC から　∠A＝∠C

よって　　∠A＝∠B＝∠C

これと，三角形の内角の和が 180° であることから，
次のことがいえる。

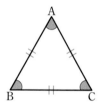

15 正三角形の性質

定理　正三角形の 3 つの角は等しく，すべて 60° である。

練習 4 ▶ 3つの角が等しい三角形は，正三角形であることを証明しなさい。

練習 5 ▶ 下の図で，△ABC は正三角形である。∠x の大きさを求めなさい。

(1)

(2)

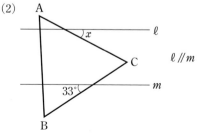

ℓ // m

逆と反例

100 ページの例題 1 では

(ア)　　AB＝AC　ならば　∠B＝∠C

であることを証明し，103 ページの例題 3 では

(イ)　　∠B＝∠C　ならば　AB＝AC

であることを証明した。

この 2 つの事柄を比べると，仮定と結論が入れ替わっていることがわかる。

このように，ある事柄の仮定と結論を入れ替えたものを，もとの事柄の **逆** という。

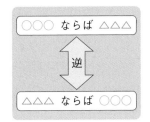

したがって，上の(イ)は(ア)の逆であり，(ア)は(イ)の逆である。

例 1

(1)　　　「△ABC は正三角形　ならば　∠A＝∠B＝∠C」

の逆は「∠A＝∠B＝∠C　　ならば　△ABC は正三角形」

(2)　　　「△ABC≡△DEF　ならば　　　AB＝DE」

の逆は「AB＝DE　　ならば　△ABC≡△DEF」

例 1 において，(1)で述べた逆はいつも成り立つ。一方，(2)で述べた逆はいつも成り立つとは限らないから，この逆は正しくない。このように，正しい事柄であっても，その逆が正しいとは限らない。したがって，正しい事柄の逆が正しいかどうかは，あらためて証明する必要がある。

ある事柄について，仮定は成り立つが結論は成り立たないという例を，**反例** という。ある事柄が正しくないときは，反例を 1 つ示すとよい。

練習 6 ▶ 次の事柄の逆を答えなさい。また，それが正しいかどうかを答え，正しくない場合は反例を示しなさい。

(1)　$a＝b$ ならば $a＋c＝b＋c$

(2)　△ABC≡△DEF ならば △ABC と △DEF の面積は等しい。

図形のいろいろな性質

例題 4 AB＝AC である二等辺三角形 ABC において，辺 AB，AC の中点をそれぞれ M，N とする。

このとき，NB＝MC であることを証明しなさい。

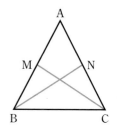

考え方　NB，MC を辺にもつ三角形を利用する。

[仮定]　AB＝AC，AM＝BM，AN＝CN　　　[結論]　NB＝MC

証明　△ABN と △ACM において

仮定から　　　　　AB＝AC　　　　　…… ①

AN＝$\frac{1}{2}$AC，AM＝$\frac{1}{2}$AB であるから

　　　　　　　AN＝AM　　　　　…… ②

共通な角であるから

　　　　　　∠BAN＝∠CAM　　　　…… ③

①，②，③ より，2 組の辺とその間の角がそれぞれ等しいから　　　△ABN≡△ACM

合同な図形では対応する辺の長さは等しいから

　　　　　　NB＝MC　　　終

練習 7 AB＝AC である二等辺三角形 ABC において，底辺 BC に平行な直線と辺 AB，AC との交点を，それぞれ D，E とする。このとき，次のことを証明しなさい。

(1)　AD＝AE　　　(2)　△BCD≡△CBE

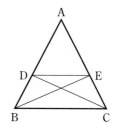

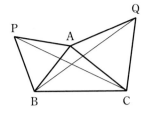

例題 5 △ABC の辺 AB，AC を 1 辺とする正三角形 ABP，ACQ を，右の図のようにつくる。

このとき，△APC≡△ABQ であることを証明しなさい。

[仮定]　△ABP，△ACQ は正三角形　　　[結論]　△APC≡△ABQ

証明　△APC と △ABQ において

仮定から　　　AP＝AB　　　　……①

　　　　　　　AC＝AQ　　　　……②

また　　　　∠PAC＝∠PAB＋∠BAC

　　　　　　　　　＝60°＋∠BAC

　　　　　　∠BAQ＝∠BAC＋∠CAQ

　　　　　　　　　＝∠BAC＋60°

よって　　　∠PAC＝∠BAQ　　……③

①，②，③ より，2 組の辺とその間の角がそれぞれ等しいから　　△APC≡△ABQ　　終

第4章

練習 8 例題 5 において，PC と QB の交点を R とする。例題 5 の結果を用いて，∠PRQ の大きさを求めなさい。

練習 9 右の図のように，正三角形 ABC の辺 BC 上に点 D をとり，線分 AD について点 C と同じ側に，△ADE が正三角形となるように点 E をとる。このとき，BD＝CE であることを証明しなさい。

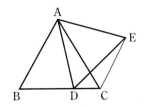

2. 直角三角形の合同

直角三角形の性質について考えよう。

直角三角形において，直角に対する辺を **斜辺** という。

直角三角形の1つの内角は直角であり，

5　他の内角は鋭角である。

2つの直角三角形は，1つの鋭角が等
しいとき，残りの鋭角も等しい。

よって，斜辺と1つの鋭角がそれぞれ
等しい直角三角形は，斜辺とその両端の

10　角がそれぞれ等しいから，合同である。

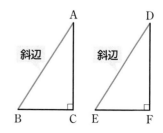

2つの直角三角形は，斜辺と他の1辺
が等しいときも合同になる。

証明　△ABC と △DEF において

$$\angle C = \angle F = 90°$$

15　　　　　AB＝DE

　　　　　AC＝DF

とする。

このとき，右の図のように辺ACと
辺DFを重ねると，3点B, C, Eは

20　一直線上に並び，二等辺三角形ABE
ができる。

よって　　　∠B＝∠E

したがって，△ABC と △DEF は斜辺と1つの鋭角がそれぞれ等
しいから，合同である。　　終

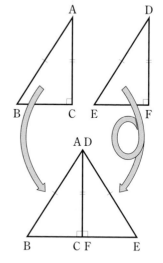

直角三角形の合同条件 は，次のようにまとめられる。

> **直角三角形の合同条件**
>
> **定理** 2つの直角三角形は，次のどちらかが成り立つとき合同である。
>
> [1] 直角三角形の
>   **斜辺と1つの鋭角**
>   がそれぞれ等しい。
>
> [2] 直角三角形の
>   **斜辺と他の1辺**
>   がそれぞれ等しい。

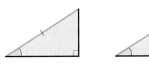

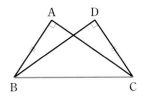

例 2 右の図において，

$\quad$ AB＝DC，∠BAC＝∠CDB＝90°

とする。

このとき，2つの直角三角形 ABC
と DCB は，斜辺と他の1辺がそれ
ぞれ等しいから合同である。

すなわち $\quad$ △ABC≡△DCB

練習 10 次の図において，合同な直角三角形を見つけ出し，記号 ≡ を使って表しなさい。また，そのとき使った合同条件を答えなさい。

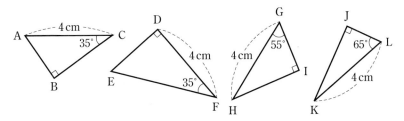

例題
6

右の図のように，∠XOY の内部に点Pをとり，Pから2辺 OX，OY に引いた垂線の足を，それぞれ Q，R とする。このとき，OP が ∠XOY の二等分線ならば，PQ＝PR であることを証明しなさい。

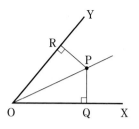

[仮定] ∠POQ＝∠POR，∠OQP＝∠ORP＝90°

[結論] PQ＝PR

証明 △POQ と △POR において

仮定から　　　∠POQ＝∠POR　　　……①

　　　　　　　∠OQP＝∠ORP＝90°　……②

共通な辺であるから

　　　　　　　OP＝OP　　　……③

①，②，③ より，直角三角形の斜辺と1つの鋭角がそれぞれ等しいから　　△POQ≡△POR

合同な図形では対応する辺の長さは等しいから

　　　　　　　PQ＝PR　　　終

練習 11 例題6において，PQ＝PR ならば，OP は ∠XOY の二等分線であることを証明しなさい。

練習 12 右の図の △ABC は，∠A＝90° の直角三角形である。辺 BC 上に AB＝BD となる点Dをとり，この点を通る辺 BC の垂線と辺 AC との交点をEとする。

このとき，AE＝DE であることを証明しなさい。

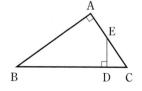

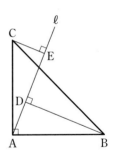

例題 **7** AB＝AC の直角二等辺三角形 ABC がある。右の図のように，頂点Aから △ABC の内部を通る直線 ℓ を引き，2点 B，C から直線 ℓ に引いた垂線の足を，それぞれ D，E とする。AD＜AE のとき，BD－CE＝DE であることを証明しなさい。

[仮定]　AB＝AC，∠BAC＝∠BDA＝∠AEC＝90°，AD＜AE

[結論]　BD－CE＝DE

証明　△ABD と △CAE において

仮定から　　　∠BDA＝∠AEC＝90°　……①

　　　　　　　　AB＝CA　　　　　　……②

また　　　　　∠ABD＋∠BAD＝90°

　　　　　　　∠CAE＋∠BAD＝90°

であるから　　∠ABD＝∠CAE　　　　……③

①，②，③ より，直角三角形の斜辺と1つの鋭角がそれぞれ等しいから　　△ABD≡△CAE

合同な図形では対応する辺の長さは等しいから

　　　　　　　BD＝AE，AD＝CE

よって　　　　BD－CE＝AE－AD＝DE　　終

練習 **13** ▶ AB＝AC の直角二等辺三角形 ABC がある。右の図のように，頂点Aを通る直線 ℓ を引き，2点 B，C から直線 ℓ に引いた垂線の足を，それぞれ D，E とする。このとき，BD＋CE＝DE であることを証明しなさい。

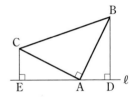

第4章

3. 平行四辺形

平行四辺形の性質

四角形の向かい合う辺を **対辺**(たいへん) といい，向かい合う角を **対角**(たいかく) という。

平行四辺形は，次のように定義される四角形である。

平行四辺形

5　**定義**　2組の対辺がそれぞれ平行な四角形
　　　　　を **平行四辺形** という。

平行四辺形 ABCD を，**▱ABCD** と表すことがある。

平行四辺形の性質について考えよう。

89 ページの例題 6 で次のことを証明した。

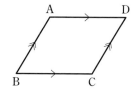

10　四角形 ABCD において
　　　　　AB∥DC，AD∥BC
　　ならば　AB＝DC，AD＝BC

このことから，次のことがいえる。

平行四辺形の 2 組の対辺はそれぞれ等しい。

15　これは，平行四辺形のもつ重要な性質の 1 つである。

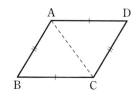

練習 14▶ 上で述べた平行四辺形の性質を
利用して，右の図のような ▱ABCD につ
いて，∠ABC＝∠CDA であることを証
明しなさい。

練習 15 ▶ 平行四辺形の対角線がそれぞれの中点で
交わることを，□ABCD の対角線の交点をOとし
て，次の順序で証明しなさい。

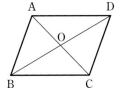

① △ABO≡△CDO

② AO＝CO，BO＝DO

これまでに調べたことから，平行四辺形の性質は次のようにまとめられる。

平行四辺形の性質

定理 ［1］ 平行四辺形の 2 組の対辺は
それぞれ等しい。

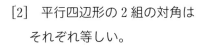

［2］ 平行四辺形の 2 組の対角は
それぞれ等しい。

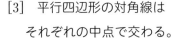

［3］ 平行四辺形の対角線は
それぞれの中点で交わる。

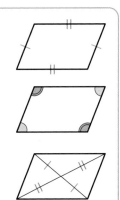

練習 16 ▶ 図の □ABCD において，次のものを求めなさい。

(1) ∠ADC の大きさ

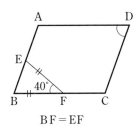

BF＝EF

(2) ∠ABC の大きさと辺 BC の長さ

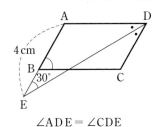

∠ADE＝∠CDE

平行四辺形の対辺・対角が等しいことや，対辺が平行であることは，
いろいろな図形の性質の証明に利用される。

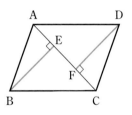

| 例題 8 | 右の図のように，▱ABCD の対角線 AC に，頂点 B，D から引いた垂線の足を，それぞれ E，F とする。このとき，BE＝DF であることを証明しなさい。 |

[仮定] 四角形 ABCD は平行四辺形，∠BEA＝∠DFC＝90°

[結論] BE＝DF

証明　△ABE と △CDF において

仮定から　　　　　∠BEA＝∠DFC＝90°　　……①

平行四辺形の対辺は等しいから

　　　　　　　　　AB＝CD　　　　　　……②

平行四辺形の対辺は平行であるから　　AB∥DC

平行線の錯角は等しいから

　　　　　　　　　∠BAE＝∠DCF　　　　……③

①，②，③ より，直角三角形の斜辺と 1 つの鋭角がそれぞれ等しいから　　△ABE≡△CDF

よって　　　　　　BE＝DF　　終

　例題 8 において，△ABC≡△CDA であるから，これら 2 つの三角形の面積は等しい。したがって，辺 AC を共通の底辺とみるとそれぞれの高さは等しく，BE＝DF が成り立つ。

　例題 8 はこのような方針で証明することもできる。

練習 17▶ 右の図のように，▱ABCD の対角線 BD 上に BE＝DF となるような，2 点 E，F をとる。このとき，AE＝CF であることを証明しなさい。

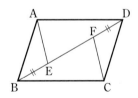

例題 9

右の図のように，□ABCD において，辺BC 上に AB＝AE となる点Eをとる。このとき，△ABC≡△EAD であることを証明しなさい。

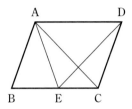

[仮定] 四角形 ABCD は平行四辺形，AB＝AE

[結論] △ABC≡△EAD

証明 △ABC と △EAD において

仮定から　　　　AB＝EA　　　……①

平行四辺形の対辺は等しいから

　　　　　　　　BC＝AD　　　……②

AB＝AE であるから，△ABE は二等辺三角形である。

よって　　∠ABE＝∠AEB

平行四辺形の対辺は平行であるから　　AD∥BC

平行線の錯角は等しいから

　　　　　　　∠AEB＝∠EAD

よって　　∠ABC＝∠EAD　　……③

①，②，③ より，2組の辺とその間の角がそれぞれ等しいから　　　△ABC≡△EAD　　終

練習 18 右の図のように，□ABCD の辺 BC，CD をそれぞれ1辺とする正三角形 BEC，正三角形 CFD をつくり，AとE，AとFをそれぞれ線分で結ぶ。

このとき，△ABE≡△FDA であることを証明しなさい。

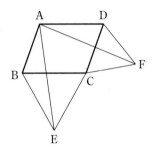

■ 平行四辺形になるための条件

四角形が平行四辺形になるための条件について考えてみよう。

四角形 ABCD において，AB＝CD，AD＝CB が成り立つとする。

このとき，△ABC と △CDA において

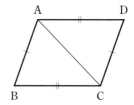

5　　　　　　　　　AB＝CD

　　　　　　　　　CB＝AD

　　　　　　　　　AC＝CA

より，3 組の辺がそれぞれ等しいから

　　　　　　　△ABC≡△CDA

10　よって，∠BAC＝∠DCA から　　　AB∥DC

　　　　　∠BCA＝∠DAC から　　　AD∥BC

　　したがって，四角形 ABCD は 2 組の対辺がそれぞれ平行であるから，
平行四辺形である。

　　上で示したことは，次の [1] が成り立つことにほかならない。

15　┌─ 平行四辺形になるための条件 ──────────

　　┌───────────────────────────────┐
　　│　**定理**　四角形は，次のどれかが成り立つとき平行四辺形である。　│
　　│　　　[1]　2 組の対辺がそれぞれ等しい。　　　　　　　　　　│
　　│　　　[2]　2 組の対角がそれぞれ等しい。　　　　　　　　　　│
　　│　　　[3]　対角線がそれぞれの中点で交わる。　　　　　　　　│
20　│　　　[4]　1 組の対辺が平行でその長さが等しい。　　　　　　│
　　└───────────────────────────────┘

　　上の [1]～[4] と平行四辺形の定義「2 組の対辺がそれぞれ平行である」のどれかが成り立てば，四角形は平行四辺形となる。

　　[2]～[4] について，その証明を考えよう。

四角形 ABCD において，次のことが成り立つ。

$$\angle A = \angle C, \quad \angle B = \angle D \quad ならば \quad AD /\!/ BC, \quad AB /\!/ DC$$

証明 右の図のように，辺 BA の延長上に点 E をとると

$$\angle BAD + \angle EAD = 180° \quad \cdots\cdots ①$$

仮定より，$\angle BAD = \angle C$，$\angle B = \angle D$ で

$$\angle BAD + \angle B + \angle C + \angle D = 360°$$

であるから

$$2\angle BAD + 2\angle B = 360°$$

$$\angle BAD + \angle B = 180° \quad \cdots\cdots ②$$

①，② より $\qquad \angle EAD = \angle B$

したがって，同位角が等しいから $\qquad AD /\!/ BC$

また $\qquad\qquad \angle EAD = \angle D$

したがって，錯角が等しいから $\qquad AB /\!/ DC$ **終**

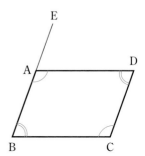

2 組の対辺がそれぞれ平行である四角形は平行四辺形である。

したがって，上の証明により，前ページの定理の [2] が成り立つこと
がわかる。

練習 19 四角形 ABCD において，対角線 AC,
BD の交点を O とする。OA＝OC，OB＝OD
であるとき，次のことを証明しなさい。

(1) $\triangle ABO \equiv \triangle CDO$

(2) 四角形 ABCD は平行四辺形である。

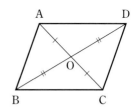

練習 20 四角形 ABCD において，AD＝BC，AD /\!/ BC ならば，四角形
ABCD は平行四辺形であることを証明しなさい。

練習 19 と練習 20 までで，前ページの定理の証明が完了する。

例題
10 二等辺三角形 ABC の底辺 BC 上に点 P をとり，P から辺 AB，AC に平行な直線を引き，AC，AB との交点を，それぞれ Q，R とする。このとき，RP＋QP＝AB であることを証明しなさい。

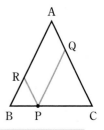

5

[仮定] AB＝AC，AB∥QP，AC∥RP　　　[結論] RP＋QP＝AB

> 証明 仮定より AR∥QP，AQ∥RP であるから，四角形 ARPQ は平行四辺形である。
>
> 平行四辺形の対辺は等しいから
>
> 10 $\qquad$ QP＝AR　　……①
>
> また，RP∥AC より，同位角が等しいから
>
> $\qquad$ ∠RPB＝∠ACB
>
> △ABC は AB＝AC の二等辺三角形であるから
>
> $\qquad$ ∠RBP＝∠ACB
>
> 15 よって $\qquad$ ∠RPB＝∠RBP
>
> したがって，△RBP は二等辺三角形で
>
> $\qquad$ RP＝RB　　……②
>
> ①，② により $\qquad$ RP＋QP＝RB＋AR＝AB　　終

　　例題 10 の結果は，辺 BC 上のどこに点 P をとっても，RP＋QP の値
20 が一定であることを示している。

練習 21 正三角形 ABC の内部の点 P を通り，3 辺に平行に引いた直線と 3 辺との交点を，右の図のように D，E，F，G，H，I とする。このとき，DE＋FG＋HI＝2BC であることを証明しなさい。

25

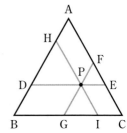

■ いろいろな四角形

長方形，ひし形，正方形は，それぞれ次のように定義される。

定義 4つの角が等しい四角形を **長方形** という。

4つの辺が等しい四角形を **ひし形** という。

4つの角が等しく，4つの辺が等しい四角形を **正方形** という。

長方形，ひし形，正方形は，その定義から，平行四辺形の特別な場合であることがわかる。

これらの四角形の対角線については，次の性質がある。

[1]　長方形の対角線の長さは等しい。

[2]　ひし形の対角線は垂直に交わる。

[3]　正方形の対角線は長さが等しく垂直に交わる。

練習 22 ▶ 四角形 ABCD について，次のことを証明しなさい。

(1)　四角形 ABCD が長方形ならば　AC＝DB

(2)　四角形 ABCD がひし形ならば　AC⊥BD

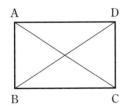 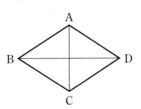

正方形は，長方形でもありひし形でもあるから，上の [1]，[2] より，[3] が成り立つ。

平行四辺形，長方形，ひし形，正方形の間には，右の図のような関係がある。

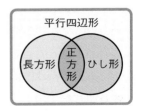

例題 11 右の図は，AB＜AD である長方形 ABCD を，対角線 AC を折り目として折り返したものである。

頂点 D が移った点を E とし，AE と BC の交点を F とするとき，

△ABF≡△CEF であることを証明しなさい。

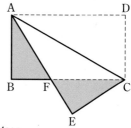

[仮定]　四角形 ABCD は長方形，△ADC≡△AEC

[結論]　△ABF≡△CEF

証明　△ABF と △CEF において

四角形 ABCD は長方形で，折り返した辺や角は等しいから

$$AB＝CE \qquad \cdots\cdots ①$$

$$\angle ABF＝\angle CEF \ (＝90°) \quad \cdots\cdots ②$$

対頂角は等しいから

$$\angle AFB＝\angle CFE \qquad \cdots\cdots ③$$

②，③ により，三角形の残りの角も等しいから

$$\angle BAF＝\angle ECF \qquad \cdots\cdots ④$$

①，②，④ より，1 組の辺とその両端の角がそれぞれ等しいから

$$△ABF≡△CEF \qquad 終$$

練習 23 右の図は，AB＞AD である長方形 ABCD を，頂点 A が頂点 C に重なるように折り返したものである。

頂点 D が移った点を R とし，折り目を PQ とするとき，△PBC≡△QRC であることを証明しなさい。

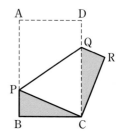

1組の対辺が平行である四角形を台形という。

このうち，平行でない1組の対辺が等しいものを **等 脚 台形** という。

例題 12 右の図のような，AD∥BC，AB＝DC
である等脚台形 ABCD において，
∠B＝∠C であることを証明しなさい。

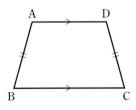

[仮定] AD∥BC，AB＝DC

[結論] ∠B＝∠C

証明 Aを通り辺 DC に平行に引いた直
線と辺 BC との交点をEとする。

平行線の同位角は等しいから

$$∠AEB＝∠DCB \quad ……①$$

AD∥BC，AE∥DC であるから，

四角形 AECD は平行四辺形になる。

よって AE＝DC

また，仮定より AB＝DC であるから AB＝AE

よって，△ABE は二等辺三角形で

$$∠ABE＝∠AEB \quad ……②$$

①，②から ∠ABE＝∠DCB

すなわち ∠B＝∠C **終**

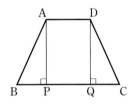

練習 24 右の図のような，AD∥BC，AB＝DC
である等脚台形 ABCD において，頂点 A，D か
ら辺 BC に引いた垂線の足を，それぞれ P，Q
とする。このとき，BP＝CQ であることを証明
しなさい。

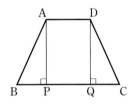

三角形の中線の性質について考えよう。

例題 13 ∠A＝90° の直角三角形 ABC において，辺 BC の中点を M とする。このとき，AM＝BM であることを証明しなさい。

(考え方) 中線 AM を 2 倍に延ばして考える。

5 ［仮定］ ∠A＝90°，BM＝CM　　　［結論］ AM＝BM

証明　中線 AM の M を越える延長上に，AM＝DM となる点 D をとる。

このとき，四角形 ABDC は，対角線がそれぞれの中点で交わるから，平行四辺形である。

10 また，∠A＝90° であるから，四角形 ABDC の 4 つの角はすべて 90° で等しい。

したがって，四角形 ABDC は長方形になる。

15 長方形の対角線の長さは等しいから

$$AD＝BC$$

よって　　　　AM＝BM　　終

例題 13 の結果から，直角三角形 ABC の 3 つの頂点 A，B，C は，斜辺 BC の中点 M

20 から等しい距離にあることがわかる。

一般に，直角三角形の斜辺を直径とする円は，直角三角形の直角の頂点を通る。

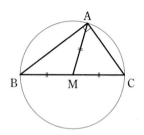

練習 25 △ABC において，辺 BC の中点を M とする。このとき，AM＝BM ならば，∠A＝90° であることを証明しなさい。

4. 平行線と面積

　右の図のように，辺 AB を共有する
△PAB と △QAB に対して，頂点 P，
Q から直線 AB に引いた垂線の足を，
5　それぞれ H，K とする。

　このとき，PQ∥AB ならば，
PH＝QK となる。

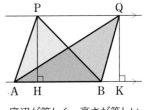

底辺が等しく，高さが等しい
三角形の面積は等しい。

　したがって，△PAB と △QAB の面積は等しい。

　逆に，△PAB と △QAB の面積が等しいならば，PH＝QK であるか
10　ら，PQ∥AB が成り立つ。

平行線と面積

定理　△PAB，△QAB の頂点 P，Q が，直線 AB に関して同じ側
　　　にあるとき，次のことが成り立つ。

　　　[1]　PQ∥AB　ならば　△PAB＝△QAB
15　　　[2]　△PAB＝△QAB　ならば　PQ∥AB

注意　上のように，△PAB と書いて，△PAB の面積を表すことがある。
すなわち，△PAB＝△QAB と書いて，△PAB と △QAB の面積が等し
いことを表す。

例 3
20　右の図の ▱ABCD において
AB∥DC であるから
　　　△PAB＝△CAB
AD∥BC であるから
　　　△ABC＝△QBC
よって　　△PAB＝△QBC

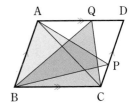

練習 26 右の図の長方形 ABCD において，E，F は直線 AD 上の点であり，G は辺 BC 上の点である。長方形 ABCD の面積が 50 cm² であるとき，△EBG と △FGC の面積の和を求めなさい。

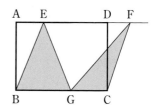

例題 14 ▱ABCD の辺 BC 上に点 E をとり，AB の延長と DE の延長との交点を F とするとき，△ABE＝△CEF であることを証明しなさい。

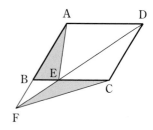

考え方 B と D を結んで考える。

証明 四角形 ABCD は平行四辺形であるから

　　　　AD∥BC，AF∥DC

　　AD∥BC から

　　　　△ABE＝△DBE　……①

　　AF∥DC から

　　　　△DBF＝△CBF　……②

　　② の両辺から，共通に含まれる △EBF を除くと

　　　　　　△DBE＝△CEF　……③

　　①，③ から　　　△ABE＝△CEF　終

注意 仮定，結論の記載は以後省略する。

練習 27 △ABC の辺 AC の中点を M とする。また，辺 AB，AC 上にそれぞれ点 E，F を，直線 EF が △ABC の面積を 2 等分するようにとる。このとき，EM∥BF が成り立つことを証明しなさい。

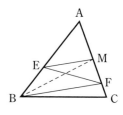

図形の面積を変えないで，その形だけを変えることを考えよう。

例題 15 右の図において，折れ線 PQR は，四角形 ABCD の面積を 2 等分している。このとき，点 P を通る直線で，この四角形の面積を 2 等分するものを求めなさい。

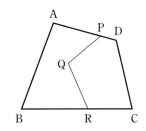

解答 点 Q を通り PR に平行な直線と辺 BC との交点を S とすると

$$\triangle QRP = \triangle SRP$$

よって，五角形 PQRCD と四角形 PSCD の面積は等しいから，直線 PS は四角形 ABCD の面積を 2 等分する。

したがって，直線 PS が求めるものである。 **答**

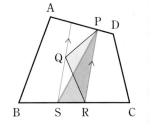

練習 28 右の図の五角形 ABCDE に対して，直線 CD 上に点 P，Q をとり，△APQ の面積と五角形 ABCDE の面積を等しくしたい。P，Q はどのような位置にとればよいか説明しなさい。

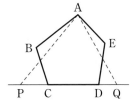

多角形は，それと面積の等しい三角形に変形することができる。

このように，図形の面積を変えないで，その形だけを変えることを
とうせきへんけい
等積変形 という。

5. 三角形の辺と角

三角形の辺と角の大小関係

　△ABC において，AB＝AC の二等辺三角形ならば ∠B＝∠C となることは学んだ。

5　　下のような AB＞AC であるいろいろな三角形において，∠B と ∠C の大小関係はどのようになるか調べてみよう。

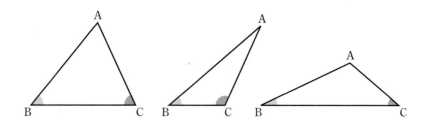

　　上の三角形を参考にすると，

　　　　　（長い辺に対する角）＞（短い辺に対する角）

となることがいえそうである。

10　　このことを証明しよう。

　　△ABC において，AB＞AC とする。

　　このとき，辺 AB 上に，AD＝AC となる点Dをとることができ，△ADC は二等辺三角形になる。

15　　△DBC において，内角と外角の性質から

　　　　　　∠ADC＝∠B＋∠DCB

よって　　　∠ADC＞∠B　　……①

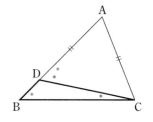

△ADC は二等辺三角形であるから

$$\angle ADC = \angle ACD$$

よって，①は $\qquad \angle ACD > \angle B$

また $\qquad\qquad \angle C > \angle ACD$

したがって $\qquad \angle C > \angle B$

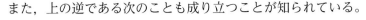

これより，△ABC において，次のことが成り立つ。

$$AB > AC \quad ならば \quad \angle C > \angle B$$

また，上の逆である次のことも成り立つことが知られている。

$$\angle C > \angle B \quad ならば \quad AB > AC$$

三角形の辺と角の大小関係についてまとめると，次のようになる。

三角形の辺と角の大小関係

定理 三角形において，次のことが成り立つ。

[1] 大きい辺に向かい合う角は，小さい辺に向かい合う角より大きい。

[2] 大きい角に向かい合う辺は，小さい角に向かい合う辺より大きい。

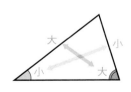

例 4 AB＝7 cm，BC＝5 cm，CA＝3 cm である △ABC において

最も大きい角は $\quad \angle C$

最も小さい角は $\quad \angle B$

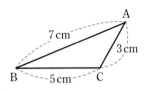

練習 29 △ABC において，次の条件を満たす角や辺を答えなさい。

(1) AB＝5 cm，BC＝6 cm，CA＝7 cm であるとき，最も大きい角

(2) ∠A＝70°，∠B＝60° であるとき，最も小さい辺

三角形の 2 辺の和と差

三角形の 2 辺の和，差と残りの辺の大小関係については，次のことが成り立つ。

> **三角形の 2 辺の和と差**
>
> **定理** 三角形において，次のことが成り立つ。
> [1] 2 辺の和は，残りの辺より大きい。
> [2] 2 辺の差は，残りの辺より小さい。

[1] の証明 △ABC において，AB＋AC＞BC が
成り立つことを示す。

右の図のように，辺 BA の延長上に
AD＝AC となる点 D をとると

$$AB＋AC＝BD \quad \cdots\cdots ①$$

また $\quad \angle ACD＝\angle ADC$

$$\angle BCD＞\angle ACD$$

であるから $\quad \angle BCD＞\angle ADC$

よって，△BCD において，辺と角の大小関係から

$$BD＞BC$$

したがって，① により

$$AB＋AC＞BC \quad \boxed{終}$$

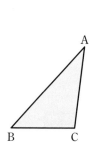

[2] の証明 △ABC において，AB≧AC のとき，
AB－AC＜BC が成り立つことを示す。

[1] より，2 辺の和は，残りの辺より大きいから

$$AC＋BC＞AB$$

したがって $\quad BC＞AB－AC$

すなわち $\quad AB－AC＜BC \quad \boxed{終}$

例題 **16** 2点 A, B が直線 XY に関して同じ側にあるとき, XY 上の点 P で, AP+BP の長さが最も小さくなる点を求めなさい。

解答 直線 XY に関して, A と対称な点を A′ とし, 線分 A′B と XY の交点を P とする。

XY は線分 AA′ の垂直二等分線であるから, XY 上に P と異なる点 Q をとると

$$AP=A'P, \quad AQ=A'Q$$

よって $AP+BP=A'P+BP$

$$AP+BP=A'B$$

また $AQ+BQ=A'Q+BQ$

△QA′B において, A′Q+BQ>A′B が成り立つから

$$AQ+BQ>AP+BP$$

したがって, 上の P が求める点である。 答

例題 16 の解答において, 次のことが成り立つ。

∠APX=∠A′PX, ∠A′PX=∠BPY から ∠APX=∠BPY

よって, AP+BP の長さが最も小さくなる点 P に対し, AP と直線 XY がつくる角と, BP と直線 XY がつくる角は等しい。

練習 30 右の図のように, ∠XOY=90° である ∠XOY の内部に点 A, 辺 OY 上に点 B がある。辺 OX 上に点 P をとって, AP+PB の長さが最も小さくなるようにしたい。P の位置を求めなさい。

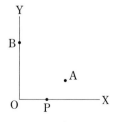

1 右の図で，∠x の大きさを求めなさい。
ただし，△OAB≡△OA′B′ であり，点Pは
OB と A′B′ との交点である。

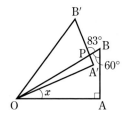

5 **2** 右の図において，四角形 ABCD は平行四辺
形で，E は辺 AD 上の点である。
∠EAB＝100°，∠ABE＝∠EBC，EC＝DC
であるとき，次の角の大きさを求めなさい。

(1) ∠ABE　　(2) ∠CED　　(3) ∠BEC

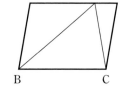

10 **3** ▱ABCD の対角線の交点をOとする。右の
図のように，対角線 BD 上に，BE＝DF と
なる点E，F をとるとき，四角形 AECF は
平行四辺形であることを証明しなさい。

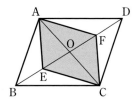

4 右の図において，四角形 ABCD は平行四辺
15 形で，EF∥AC である。このとき，図の中
で，△ACF と面積の等しい三角形をすべて
答えなさい。

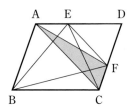

1 右の図において，△ABC は AB＝AC の二等
辺三角形であり，△CDE は正三角形である。
点 A は辺 DE 上にあり，∠BAC＝50°，
∠DCA＝36° であるとき，∠x，∠y の大きさ
をそれぞれ求めなさい。

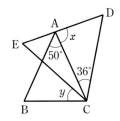

2 右の図は，二等辺三角形 ABC の底辺 BC 上に
点Pをとり，Pから2辺 AB，AC にそれぞれ
垂線 PQ，PR を引いたものである。
図のように，点Cから辺 AB に引いた垂線の足
をHとするとき，PQ＋PR＝CH が成り立つこ
とを証明しなさい。

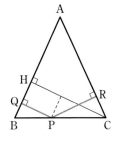

3 右の図のように，正方形 ABCD の辺 BC 上に点
Eをとり，2点 A，E を通る直線と辺 DC の延長
との交点をFとする。AE と BD の交点をGとす
るとき，∠BCG＝∠CFG であることを証明しな
さい。

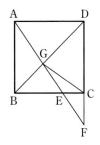

4 右の図は，AB＞AD である □ABCD を，対角
線 AC を折り目として折り返したものである。
頂点Dが移った点をEとし，AB と EC の交点
をFとするとき，△AEF≡△CBF であること
を証明しなさい。

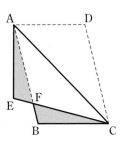

5 右の図のように，∠A＝30°，AB＝AC，BC＝2 cm
の二等辺三角形 ABC がある。2辺 AB，AC 上に
AD＝AE となるように2点 D, E をとり，BE と CD
の交点をF とする。∠BFC＝60° であるとき，次の問
いに答えなさい。

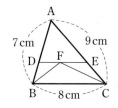

(1) △ABE≡△ACD であることを証明しなさい。

(2) ∠ABE の大きさを求めなさい。

(3) 線分 AF の長さを求めなさい。

6 右の図のような △ABC において，∠B の二等
分線と ∠C の二等分線の交点をF とする。F
を通り，辺 BC に平行な直線と辺 AB，AC と
の交点を，それぞれ D, E とするとき，△ADE
の周の長さを求めなさい。

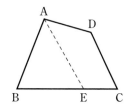

7 右の図の四角形 ABCD において，頂点 A と直
線 BC 上の点Eを通る直線で，この四角形の面
積を2等分したい。
点Eは，BC 上のどのような位置にとればよい
か説明しなさい。

合同な図形によるしきつめ

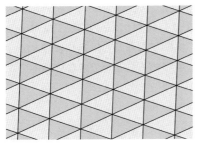 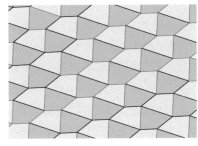

左上の図は合同な三角形によって，右上の図は合同な四角形によって，すきまなく平面をしきつめています。

三角形や四角形は，上の図の形以外の場合でも，合同な図形によって，すきまなく平面をしきつめることができます。

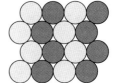

しかし，円の場合には，すきまなく平面をしきつめることはできません。

それでは，五角形はどうでしょうか。

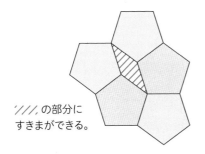

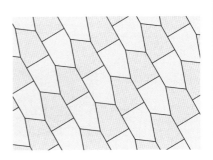

////. の部分にすきまができる。

正五角形では，すきまなく平面をしきつめることはできません。
しかし，すきまなく平面をしきつめることができる合同な五角形もあります。これらのちがいは何でしょうか。

正五角形の 1 つの内角の大きさは 108° です。108 は 360 の約数ではないので，108° の大きさの角をいくつか集めて 360° になることはありません。これが，正五角形ではすきまなく平面をしきつめることができない理由です。

これに対して，右の図の五角形では，印をつけた箇所に集まる 3 つの角の大きさの和が，ちょうど 360° になっています。このようなとき，五角形でも平面をしきつめることができるのです。

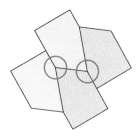

合同な図形を組み合わせて平行四辺形や向かい合う 3 組の辺がどれも平行な六角形ができるとき，平面をしきつめることができます。

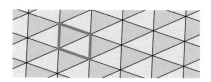

2 つの三角形を組み合わせて，
平行四辺形ができている。

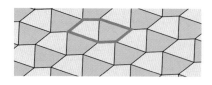

2 つの四角形を組み合わせて，向かい合う
辺がどれも平行な六角形ができている。

1 (問題)　下の図において，点Aを通り，直線 ℓ に平行な直線を作図しなさい。

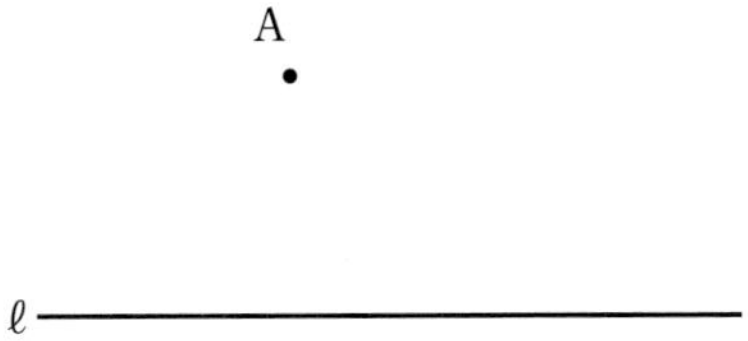

A
・

ℓ ————————————————————

上の問題について，純平さんと早紀さんがそれぞれの方法で作図した。2人の手順には，それぞれ部分的に間違いがあることがわかっている。その間違いを指摘し，正しい手順を示しなさい。

純平さんの方法

① 三角定規の直角の角を用いて，点Aを通り，直線 ℓ に垂直な直線を引く。

② 点Aを通り，①で引いた直線に，三角定規の直角の角を用いて垂直な直線を引く。

早紀さんの方法

① 定規の目もりを用いて AB＝BC を満たすような点B，Cを直線 ℓ 上にとる。

② 定規の目もりを用いて AB＝AD＝CD となる点Dをとる。

③ 直線 AD を引く。

2 下の図のA〜Hは，震源地を地点Oとする地震を観測した地点を表し，右の表はその各地点で地震が観測された時刻をまとめたものである。

この図と表から，地震の震源地Oの位置を作図により推定しなさい。また，地震発生時刻を推定するためには，どのようなことを調べればよいか説明し，地震発生時刻を推定しなさい。ただし，地震発生からの時間と到達距離は比例するものとする。

地点	時　刻
A	9 時 17 分 45 秒
B	9 時 17 分 47 秒
C	9 時 17 分 37 秒
D	9 時 17 分 41 秒
E	9 時 17 分 45 秒
F	9 時 17 分 43 秒
G	9 時 17 分 39 秒
H	9 時 17 分 41 秒

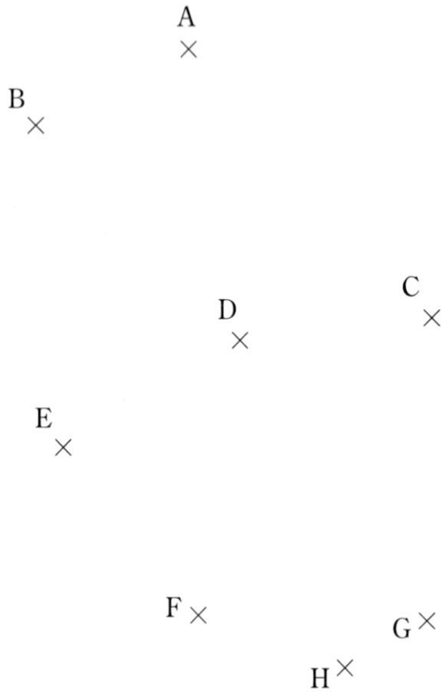

A
×

B
×

D
×

C
×

E
×

F ×

G ×

H ×

3 仕切りに囲まれたある立体がどのような形をしているかを，直接立体を見ることのできない人に伝えるゲームをしています。下の会話文を読み，問いに答えなさい。

まゆみさん：この立体に正面から光を当てると影は長方形になります。真上から光を当てても影は長方形になります。

たかしさん：ヒントはこれだけ？

まゆみさん：ええ，そうよ。

たかしさん：これでは候補がたくさんあるよ。

まゆみさん：たとえば，どんなものがあるの？

たかしさん：　①　があるよ。

(1)　　①　に当てはまるものを下のア〜オからすべて選び，記号で答えなさい。

ア：三角柱　　　　　イ：直方体　　　　　ウ：正四面体

エ：円柱　　　　　オ：円錐

まゆみさん：確かにそうね。では，その中のどれであるかわかるように　②　もヒントに追加します。

たかしさん：ありがとう。それなら答えは円柱だね。

(2)　　②　に当てはまるヒントを答えなさい。

先生：折り紙を折ると，いろいろな図形をつくることができます。正方
　　　形の折り紙を使って正三角形をつくってみましょう。

しゅんさん：次の図のように折ると，△ABP は 3 辺が等しいので正三角
　　　　　　形になります。

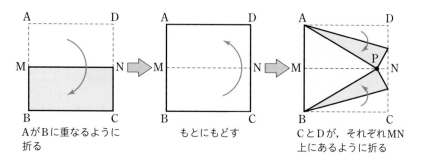

AがBに重なるように
折る

もとにもどす

CとDが，それぞれMN
上にあるように折る

先生：そうですね。ほかにはありませんか。

ゆうさん：次の図のように折ると，△SBC は正三角形になると思います。

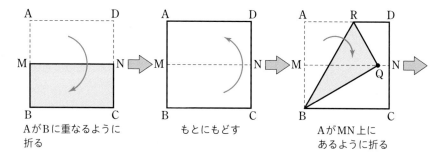

AがBに重なるように
折る

もとにもどす

AがMN上に
あるように折る

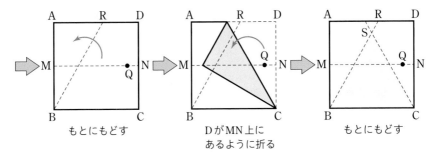

もとにもどす　　　　　D が MN 上に
　　　　　　　　　　あるように折る　　　　もとにもどす

先生：では、この三角形が本当に正三角形になっているかどうか、確か
　　　めてみましょう。

　　　たとえば、正三角形の性質「3 つの角は等しく、すべて 60° である」
　　　ことを使って示すのもよさそうですね。……(ア)

先生：さて、今度はゆうさんの最後の図をヒントにして、もっと大きな
　　　正三角形をつくれないか考えてみましょう。

さちさん：次の図のようにしてはどうでしょうか。……(イ)

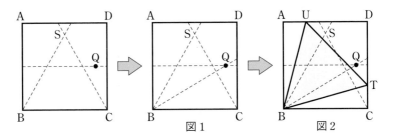

図 1　　　　　　　　図 2

(1)　(ア) について、∠SBC＝60° を示し、△SBC が正三角形になることを
　　証明しなさい。

(2)　(イ) について、図 1、図 2 の手順を説明し、△BTU が △SBC より大
　　きな正三角形であることを証明しなさい。

5 次の先生と生徒の会話について，空らん (1) ～ (5) にあてはまる語句を，下の ① ～ ⑧ から 1 つずつ選び，記号で答えなさい。

先生：黒板にかいてある，あの四角形は何ですか？

生徒：辺の長さはかいてありませんが，角度はかいてあります。

　　　それが「　(1)　」という定義にあてはまるので，長方形です。

先生：そうですね。では，同じ四角形について「あれは平行四辺形ですか？」という問いには何と答えますか？

生徒：長方形ですよね…。「違います」と答えるのではないですか？

先生：そう思いますよね。でも，数学的には「そうです」と答えます。

生徒：え？　どうしてですか？

先生：「平行四辺形になるための条件」を学習しましたね。

　　　長方形の定義から直接，平行四辺形になるための条件「　(2)　」が成り立つことがわかりますよ。

生徒：なるほど！　だから「そうです」という答えになるのですね。

　　　そうすると，ひし形の定義は「　(3)　」であり，この定義から直接，平行四辺形になるための条件「　(4)　」が成り立つことがわかるので，ひし形も平行四辺形になる，ということですか？

先生：その通り！　ちなみに正方形の定義は「　(5)　」なので，正方形に対し「これは長方形ですか？」と聞かれたら「そうです」と答えます。

① 4 つの角が等しい四角形　　　　　　② 4 つの辺が等しい四角形

③ 4 つの角が等しく，4 つの辺が等しい四角形

④ 2 組の対辺がそれぞれ平行である　　⑤ 2 組の対辺がそれぞれ等しい

⑥ 2 組の対角がそれぞれ等しい　　⑦ 対角線がそれぞれの中点で交わる

⑧ 1 組の対辺が平行でその長さが等しい

答 と 略 解

確認問題，演習問題 A，演習問題Bの答です。[　]内に，ヒントや略解を示しました。

第1章

確認問題　(*p.* 33)

1 (1) ∠*a* は ∠BAC，
∠*b* は ∠ACD

(2) AD⊥CD，AD∥BC

(3) 4 cm

2 (1) △COF

(2) △ODH，△OCG，△OBF

3 [線分 AB の垂直二等分線と，C からこの垂直二等分線に引いた垂線の交点を作図すればよい]

4 弧の長さ 8π cm，面積 20π cm^2

演習問題A　(*p.* 34)

1 (1) AP⊥OP

(2) 140°

2 [Pを通り ℓ に垂直な直線と，線分 PQ の垂直二等分線との交点を作図すればよい]

3 (1) 15π cm^2

(2) 216°

4 42π cm^2

[たとえば，糸が辺 AB に巻きつくまでに動いてできる部分は，半径 9 cm，中心角 120° の扇形になる]

演習問題B　(*p.* 35)

5 [まず，線分 OC を1辺とする正三角形 OCP の頂点Pを作図し，CP と辺 OY の交点をAとする]

6 [まず，∠ABC の二等分線と ∠ACB の二等分線の交点 I を作図し，I から辺 BC に引いた垂線の足をHとする]

7 2倍

[正六角形の中心をOとする。△OAM と △OMD は面積が等しく，△OAM と △OMD の面積の和は正六角形の面積の $\dfrac{1}{6}$

五角形 AMDEF の面積は，正六角形の半分と △AMD の面積の和である]

8 (1) 14π cm

(2) 96π cm^2

[(1) 点Pの軌跡は，2つの扇形の弧と，AB に平行な線分を合わせた図形になる]

第2章

確認問題 （$p.66$）

1 (1) 直線 BF，CG，DH

(2) 直線 BF，CG，EF，HG

(3) 平面 AEFB，DHGC

2 立体の面の数は 8

3 (1) 148 cm^2

(2) 133π cm^2

$\left[(2)\ \text{側面積は}\ \dfrac{1}{2}\times14\pi\times12\right]$

4 20 cm^3

[できる立体を，底面が △AEN，高さが MA の三角錐として考える]

5 表面積 36π cm^2

体積 36π cm^3

演習問題A （$p.67$）

1 ②

2 (1) 略

(2) 正四面体

(3) 辺 AB

3 9 cm^3

$\left[\dfrac{1}{3}\times\left(\dfrac{1}{2}\times3\times3\right)\times6\right]$

4 288π cm^3

[できる立体は，半球と，円柱から円錐を除いた立体を合わせたものになる]

演習問題B （$p.68$）

5 90

$[(5\times12+6\times20)\div2]$

6 4 回転

[円錐の底面の周は，平面 Q 上で O を中心とする半径 8 cm の円の周上を動く。この長さと底面の円周の長さを比較する]

7 80 cm^3

[点 R を通り，底面に平行な平面で切って考える]

8 1 cm

[水面の位置が上がった部分の体積は，球の体積に等しい]

第3章

確認問題　(*p*. 93)

1　(1)　80°

　　(2)　156°

2　(1)　20°

　　(2)　120°

3　(1)　140°

　　(2)　正十二角形

　　[正多角形の内角の大きさはすべて等しく，外角の大きさもすべて等しい]

4　[AM＝MB，∠AMD＝∠MBE，∠DAM＝∠EMB]

演習問題A　(*p*. 94)

1　(1)　130°

　　(2)　26°

2　正十角形

　　[1つの外角の大きさは36°]

3　66°

　　[正五角形の1つの内角の大きさは108°]

4　[仮定から　AD＝CE

　これと　∠DAG＝∠ECF

　　　　　∠ADG＝∠CEF

を示す]

演習問題B　(*p*. 95)

5　(1)　360°

　　(2)　720°

　　[(1)　印をつけた角の和は，四角形の内角の和に等しくなる

　　(2)　印をつけた角の和は，五角形の内角の和と三角形の内角の和を合わせたものになる]

6　(1)　140°

　　(2)　$4x° － 2y°$

　　[(1)　∠ACX

　　　　　＝∠ABC＋∠CAB

　　(2)　∠ECD＝$z°$ とすると

　　　　　∠BEC＝$2z°$

　また　$z°＝2x°－y°$]

7　[(1)　△AOP≡△QOH を示す

　　(2)　OA＝OQ より HA＝PQ

　△AHR≡△QPR を示す

　　(3)　△OHR≡△OPR を示す]

確認問題 (*p.*130)

1 $23°$

2 (1) $40°$

(2) $80°$

(3) $60°$

3 [OA＝OC，OE＝OF を示す]

4 △BCF，△ACE，△ABE

演習問題A (*p.*131)

1 $∠x＝84°$，$∠y＝41°$

2 [PからCHに引いた垂線の足をKとすると

　PQ＝KH，CK＝PR]

3 [△ABG≡△CBG と

　∠BAG＝∠CFG から]

4 [AE＝CB，∠AEF＝∠CBF，

　∠EAF＝∠BCF を示す]

演習問題B (*p.*132)

5 (2) $15°$

(3) 2 cm

[(1) AB＝AC，AE＝AD，

　∠BAE＝∠CAD を示す

(3) AF＝BF＝BC]

6 16 cm

[∠DBF＝∠DFB，

　∠ECF＝∠EFC から

DB＝DF，EC＝EF]

7 Dを通り AC に平行な直線と直線 BC との交点をFとするとき，線分 BF の中点をEとする

1 純平さんの方法：三角定規の直角の角を用いて垂直な直線を引いているのが誤り

早紀さんの方法：長さを定規の目もりで測っているのが誤り

正しい手順は略

2 震源地Oの位置は略

地震発生時刻を推定するためには，震源地Oからの距離，例えば，線分OC，OGの長さを調べればよい

地震発生時刻は9時17分33秒

[(前半) 表から，地点A，Eは観測時刻が等しく，地震発生からの時間と到達距離は比例するため，地点Oとの距離も等しい。

(後半) 線分OC，OGの長さの比はおよそ2：3であるため，到達時間の比も2：3]

3 (1) ア，イ，エ

(2) 例：真横から光を当てると影は円

4 (2) (手順) 図1：頂点CがSに重なるように折ると，BQに折り目ができる

図2：頂点CがQに重なるように折ると，BTが折り目となり，頂点AがSに重なるように折ると，BUが折り目となる。このとき，△BTUは正三角形となる

[(1) まず，△ABQが正三角形であることを示す

(2) △UAB≡△TCBを示すと，△BTUはBU＝BTの二等辺三角形である。また，BT＞BC]

5 (1) ①

(2) ⑥

(3) ②

(4) ⑤

(5) ③

さくいん

な行

は行

ら行

記号

■編　者
岡部　恒治　　埼玉大学名誉教授　　　　　　　　北島　茂樹　　明星大学教授

■編集協力者
飯島　彰子　　学習院女子中・高等科教諭　　　　外丸　隆央　　広尾学園中学校・高等学校教諭
石椛　康朗　　本郷中学校・高等学校教諭　　　　中路　隆行　　ノートルダム清心中・高等学校教諭
宇治川雅也　　東京都立墨田川高等学校主任教諭　永島　謙一　　恵泉女学園中学・高等学校教諭
大瀧　祐樹　　東京都市大学付属中学校・高等学校教諭　中畑　弘次　　安田女子中学高等学校教諭
官野　達博　　横浜雙葉中学校・高等学校教諭　　野末　訓章　　南山高等学校・中学校男子部教諭
久保　光章　　広島女学院中学高等学校主幹教諭　畠中　俊樹　　高槻中学校・高等学校教諭
佐野　塁生　　恵泉女学園中学・高等学校教諭　　林　三奈夫　　海星中学校・海星高等学校教諭
島名わかな　　同志社女子中学校・高等学校教諭　原澤　研二　　立命館中学校・高等学校教諭
進藤　貴志　　東京都立大泉高等学校附属中学校教諭　蛭沼　和行　　恵泉女学園中学・高等学校教諭
髙村　亮　　　大妻中野中学校・高等学校教諭　　本多壮太郎　　鷗友学園女子中学高等学校教諭
立崎　宏之　　攻玉社中学校・高等学校教諭　　　松尾　鉄也　　元立教女学院中学校・高等学校教諭
竪　勇也　　　高槻中学校・高等学校教諭　　　　横山　孝治　　八雲学園中学校高等学校教諭
田中　孝昌　　皇學館中学校・高等学校教諭　　　吉田　康人　　皇學館中学校・高等学校教諭
田中　勉　　　田中教育研究所　　　　　　　　　吉村　浩　　　本郷中学校・高等学校教諭

■編集協力校
中部大学春日丘中学校　　　　　　　　同志社香里中学校・高等学校
南山高等学校・中学校女子部

■表紙デザイン　有限会社アーク・ビジュアル・ワークス
■本文デザイン　齋藤　直樹／山本　泰子（Concent, Inc.）
　　　　　　　　デザイン・プラス・プロフ株式会社
■イラスト　　　たなかきなこ
■写真協力　　　アフロ，amanaimages，国立国会図書館，
　　　　　　　　PPS通信社，photolibrary，
　　　　　　　　一般財団法人高樹会蔵・射水市新湊博物館保管

初版
第1刷　2003年2月1日　発行
新課程
第1刷　2020年2月1日　発行
第5刷　2024年11月1日　発行

ISBN978-4-410-20582-8

新課程

中高一貫教育をサポートする

体系数学1

幾何編 ［中学1, 2年生用］

図形の基本的な性質を知る

編　者　　岡部　恒治　　北島　茂樹

発行者　　星野　泰也

発行所　数研出版株式会社

〒101-0052　東京都千代田区神田小川町2丁目3番地3
　　　　　　〔振替〕00140-4-118431
〒604-0861　京都市中京区烏丸通竹屋町上る大倉町205番地
　　　　　　〔電話〕代表(075)231-0161

ホームページ　https://www.chart.co.jp
印刷　　寿印刷株式会社

241005

円周率を求めてみよう

円周率は，円の周の長さを直径でわった数である。このことを
用いて，円周率を求めてみよう。

下の図は，直径100mmの円の周上に頂点がくるように，
正六角形，正十二角形，正二十四角形 をかいたものである。
頂点の数が増えるほど，より円に近い図形になるのがわかる。
これらの多角形の周の長さをはかり，円の直径でわってみよう。

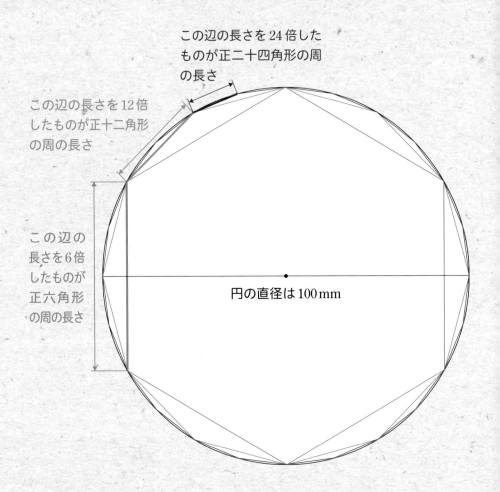

この辺の長さを24倍した
ものが正二十四角形の周
の長さ

この辺の長さを12倍
したものが正十二角形
の周の長さ

この辺の
長さを6倍
したものが
正六角形
の周の長さ

円の直径は100mm

新課程　中高一貫教育をサポートする

体系数学1

幾何編 [中学1，2年生用]

図形の基本的な性質を知る

解答編

数研出版

第1章　平面図形

1　平面図形の基礎 （本冊 p.6〜11）

練習1 (1) 2点 A，B を通る限りなくのびたまっすぐな線

(2) 2点 C，D を端とするまっすぐな線

(3) 点Bを端とし，点Cの方に限りなくのびたまっすぐな線

(4) 点Dを端とし，点Aの方に限りなくのびたまっすぐな線

したがって，次の図のようになる。

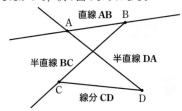

練習2 垂直である辺の組は

$$AB \perp BC, \quad AB \perp AD,$$
$$AD \perp DC, \quad BC \perp DC$$

平行である辺の組は

$$AB /\!/ DC, \quad AD /\!/ BC$$

練習3 (1) 線分 AB の長さに等しいから　**7 cm**

(2) 線分 CD の長さに等しいから　**3 cm**

(3) 線分 DB または線分 CE の長さに等しいから　**4 cm**

練習4 $\angle a$ は **∠ABC（または∠CBA）**

$\angle b$ は **∠ACE（または∠ECA）**

$\angle c$ は **∠CED（または∠DEC）**

注意　$\angle a$ は∠Bと答えてもよいが，$\angle b$，$\angle c$ については上の解答のように答えなくてはならない。

練習5 点Pを通るこの円の弦のうち，最も長い弦は **この円の直径** である。

練習6 1回折ると，中心角は

$$360° \div 2 = 180°$$

2回折ると，中心角は

$$180° \div 2 = 90°$$

したがって，3回折ると，中心角は

$$90° \div 2 = \mathbf{45°}$$

練習7 点Oと直線 ℓ の距離と，半径の大小を比較する。

(1) 3 cm＜5 cm であるから，共有点は　**2個**

(2) 6 cm＞5 cm であるから，共有点は　**0個**

(3) 5 cm＝5 cm であるから，共有点は　**1個**

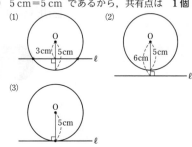

2　図形の移動 （本冊 p.12〜17）

練習8 1つの直線を折り目として折ったとき，その直線の両側の部分がぴったりと重なる直線が対称の軸である。

したがって，次の図のようになる。

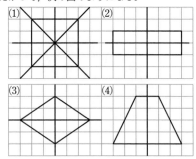

練習9 もとの図形とぴったりと重なるように，1つの点を中心として 180° 回転させたとき，その中心とした点が対称の中心である。

したがって，次の図のようになる。
（対称の中心は，対応する点を結ぶ2つの線分の
交点である。）

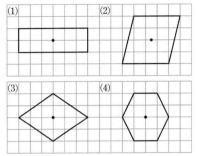

練習10 点Aを，右へ5目もり，下へ1目もり移動
すると点Pに重なるから，△ABCを右へ5目も
り，下へ1目もり移動させる。
したがって，次の図のようになる。

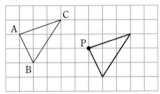

練習11 次の図のようになる。

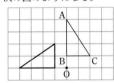

練習12 (1) 正三角形の1つの角の大きさは60°
であるから，点Oを回転の中心として，①を時
計の針の回転と同じ向きに120°だけ回転移動
すると，③に重なる。
(2) ③を点対称（180°だけ回転）移動すると⑥
に重なるから，求める三角形は **⑥**

練習13 直線ℓを折り目として折り返した図形に
なるから，次の図のようになる。

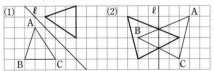

練習14 折った紙を順に広げて考えると，次の図
のようになる。

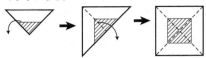

練習15 (1) ①を直線HFを対称の軸として対称
移動すると，④に重なる。
④を直線ACを対称の軸として対称移動する
と，⑦に重なる。
したがって，求める図形は **⑦**
(2) 3点A，E，Iは，それぞれB，F，Iに重なる。
したがって，求める図形は **⑦**

練習16 次のような方法がある。
(例1) 直線CHを対称の軸として対称移動した
後，直線KOを対称の軸として対称移動す
る。
(例2) 点Lを回転の中心として180°回転移動
（点対称移動）した後，点Lが点Nに重なる
ように平行移動する。
(例3) 点Lが点Nに重なるように平行移動した
後，点Nを回転の中心として180°回転移
動（点対称移動）する。
(例4) 直線KOを対称の軸として対称移動した
後，直線CHを対称の軸として対称移動す
る。

3 作図 （本冊 *p.* 18～25）

練習17 ① 点Aを端点とする半直線をかく。点
Aを中心として，一番上の線分と長さが等しい
半径の円をかき，半直線との交点をBとする。
② 点Aを中心として，2番目の線分と長さが等
しい半径の円をかき，点Bを中心として，3番
目の線分と長さが等しい半径の円をかく。
③ ②でかいた2円の交点の1つをCとし，Cと
A，CとBをそれぞれ結ぶ。
このとき，△ABCは求める三角形である。

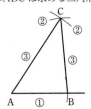

練習18 (1) ① 2点 A，B をそれぞれ中心として，等しい半径の円をかく。
　　② この2円の交点をそれぞれ P，Q として，直線 PQ を引く。
　　このとき，直線 PQ は，辺 AB の垂直二等分線である。
(2) ① 2点 B，C をそれぞれ中心として，等しい半径の円をかく。
　　② この2円の交点を通る直線を引き，辺 BC との交点を M とする。
　　このとき，点 M は辺 BC の中点である。

(1)　　　　　　　　(2)

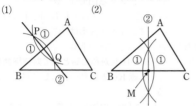

練習19 (1) ① 点 B を中心とする円をかき，辺 BC，BA との交点を，それぞれ P，Q とする。
　　② 2点 P，Q をそれぞれ中心として，等しい半径の円をかく。その交点の1つを R とし，半直線 BR を引く。
　　このとき，半直線 BR は，∠ABC の二等分線である。
(2) ① 点 A を中心とする円をかき，辺 AB，AC との交点を，それぞれ S，T とする。
　　② 2点 S，T をそれぞれ中心として，等しい半径の円をかく。点 A とその交点の1つを通る半直線を引き，辺 BC との交点を U とする。
　　このとき，点 U は，∠BAC の二等分線と辺 BC の交点である。

(1)　　　　　　　　(2)

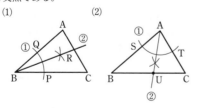

練習20 (1) ① 点 A を中心とする円をかき，直線 BC との交点をそれぞれ P，Q とする。
　　② 2点 P，Q をそれぞれ中心として，等しい半径の円をかく。その交点の1つを R とし，直線 AR を引く。

このとき，直線 AR は，頂点 A を通る辺 BC の垂線である。
(2) ① 点 B を中心とする円をかき，直線 AB との交点をそれぞれ S，T とする。
　　② 2点 S，T をそれぞれ中心として，等しい半径の円をかく。その交点の1つを U とし，直線 BU を引く。
　　このとき，直線 BU は，頂点 B を通る辺 AB の垂線である。

(1)　　　　　　　(2)

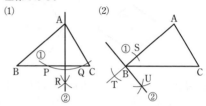

練習21 ① 点 A を中心とする円をかき，直線 ℓ との交点をそれぞれ B，C とする。
② 2点 B，C をそれぞれ中心として，等しい半径の円をかく。その交点の1つと点 A を通る直線を引き，ℓ との交点を P とする。
③ A を中心とする半径 AP の円をかく。
[考察] このとき，AP⊥ℓ であるから，この円は直線 ℓ に接する。

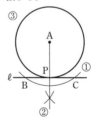

練習22 ① 線分 AB の垂直二等分線を作図する。
② 線分 BC の垂直二等分線を作図する。
③ ①，②で作図した2直線の交点を O とし，O を中心とする半径 OA の円をかく。
[考察] このとき，OA＝OB＝OC であるから，円 O は △ABC の3つの頂点を通る。

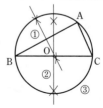

練習23 ① $\overparen{AB}$ 上に適当な点Cをとり，線分 AC，BC の垂直二等分線を作図する。
② ①で作図した2直線の交点をOとする。
[考察] このとき，OA＝OB＝OC であるから，点Oはこの円の中心である。

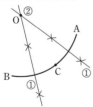

練習24 ① 点Pを通り，直線 ℓ に垂直な直線を作図する。
② 点Pを通り，①で作図した直線に垂直な直線を作図する。
[考察] このとき，②で作図した直線は，Pを通り ℓ に平行である。

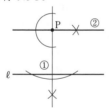

練習25 (1) ① 2点 A，B をそれぞれ中心として，半径 AB の円をかく。
② ①でかいた2円の交点の1つをCとして，CとAを結ぶ。
[考察] このとき，△ABC は正三角形になるから，∠BAC＝60° である。
(2) ① Aを通り，AB に垂直な直線 AE を作図する。
② ∠BAE の二等分線 AD を作図する。
[考察] このとき，∠BAD＝90°÷2＝45° である。

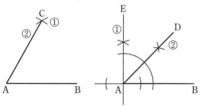

4　面積と長さ　(本冊 p.26～32)

練習26
三角形	(底辺)×(高さ)÷2
長方形	(縦)×(横)
平行四辺形	(底辺)×(高さ)
台形	(上底＋下底)×(高さ)÷2

練習27 (1) $5×8÷2＝\mathbf{20}\,(\mathbf{cm^2})$
(2) $10×6＝\mathbf{60}\,(\mathbf{cm^2})$
(3) $(4＋12)×7÷2＝\mathbf{56}\,(\mathbf{cm^2})$

練習28 対角線の長さが8cmと10cmであるひし形の面積は，縦と横の長さが，それぞれ8cmと10cmである長方形の面積の半分である。
よって　$8×10÷2＝\mathbf{40}\,(\mathbf{cm^2})$

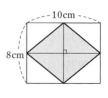

練習29 影をつけた部分はどちらも半径4cmの半円であり，面積は等しい。
よって，斜線部分と長方形 ABCD の面積は等しい。
長方形 ABCD の面積は
　$8×4＝32$
したがって，斜線部分の面積は
　$\mathbf{32\,cm^2}$

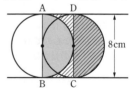

練習30 面積　$5×5×\pi＝\mathbf{25\pi}\,(\mathbf{cm^2})$
周の長さ　$(5×2)×\pi＝\mathbf{10\pi}\,(\mathbf{cm})$

練習31 線分 MB が通過した部分は，Aを中心とする半径 AB の円から，Aを中心とする半径 AM の円を除いたものである。
よって，その面積は
　$4×4×\pi－2×2×\pi＝\mathbf{12\pi}\,(\mathbf{cm^2})$

練習32 弧の長さ　$2\pi×5×\dfrac{144}{360}＝\mathbf{4\pi}\,(\mathbf{cm})$
面積　$\pi×5^2×\dfrac{144}{360}＝\mathbf{10\pi}\,(\mathbf{cm^2})$

練習33 (1) 周の長さ

$$2\pi \times 2 \times \frac{90}{360} \times 2 + 2 \times 4 = 2\pi + 8 \,(\text{cm})$$

面積 $4 \times 4 - \pi \times 2^2 \times \frac{90}{360} \times 2$

$$= 16 - 2\pi \,(\text{cm}^2)$$

(2) 周の長さ

$$2\pi \times 3 \times \frac{60}{360} + 2\pi \times 6 \times \frac{30}{360} + 3 + 6 + 3$$

$$= 2\pi + 12 \,(\text{cm})$$

面積 $\pi \times 6^2 \times \frac{30}{360} = 3\pi \,(\text{cm}^2)$

練習34 $\frac{1}{2} \times 10\pi \times 12 = 60\pi \,(\text{cm}^2)$

練習35 点Rの軌跡は，次の図のようになる。

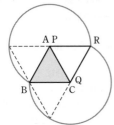

この線は，半径 1 cm，中心角 240° の扇形の弧を，2 つ合わせたものである。

よって，その長さは

$$\left(2\pi \times 1 \times \frac{240}{360}\right) \times 2 = \frac{8}{3}\pi \,(\text{cm})$$

確認問題 (本冊 p.33)

問題1 (1) $\angle a$ は $\angle\text{BAC}$（または $\angle\text{CAB}$）
　　　$\angle b$ は $\angle\text{ACD}$（または $\angle\text{DCA}$）

(2) $\text{AD}\perp\text{CD}$，$\text{AD}\,/\!/\,\text{BC}$

(3) 辺 DC の長さに等しいから **4 cm**

問題2 (1) $\triangle\text{COF}$

(2) 時計の針の回転と同じ向きに 90°，180°，270° 回転移動すると，それぞれ $\triangle\text{ODH}$，$\triangle\text{OCG}$，$\triangle\text{OBF}$ に重なる。

問題3 [1]，[2] より，P は，線分 AB の垂直二等分線と，C からこの垂直二等分線に引いた垂線との交点である。

① A，B をそれぞれ中心として，等しい半径の円をかき，その交点を通る直線 ℓ を引く。

② C を中心とする円をかき，ℓ との交点を D，E とする。D，E をそれぞれ中心として，等しい半径の円をかき，その交点とCを通る直線 m を引く。

③ ℓ と m の交点をPとする。

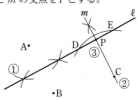

問題4 弧の長さ $2\pi \times 5 \times \frac{288}{360} = 8\pi \,(\text{cm})$

面積 $\pi \times 5^2 \times \frac{288}{360} = 20\pi \,(\text{cm}^2)$

演習問題A (本冊 p.34)

問題1 (1) 円の接線は，接点を通る半径に垂直であるから $\text{AP}\perp\text{OP}$

(2) 点 P，Q は円Oの接点であるから
$$\angle\text{OPA} = \angle\text{OQA} = 90°$$
四角形の 4 つの角の大きさの和は 360° であるから，四角形 APOQ において
$$\angle x = 360° - (90° + 90° + 40°)$$
$$= 140°$$

問題2 求める円の中心をOとする。
Oは，P を通り ℓ に垂直な直線と，線分 PQ の垂直二等分線との交点である。
したがって，次の図のようになる。

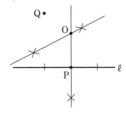

問題3 (1) $\frac{1}{2} \times 6\pi \times 5 = 15\pi \,(\text{cm}^2)$

(2) 半径 5 cm の円の周の長さは
$$2\pi \times 5 = 10\pi \,(\text{cm})$$
よって，求める中心角の大きさは
$$360° \times \frac{6\pi}{10\pi} = 216°$$

問題4 糸が辺 AB に巻きつくまでに動いてできる部分は，半径 9 cm，中心角 120° の扇形である。
よって，その面積は

$$\pi \times 9^2 \times \frac{120}{360} = 27\pi \text{ (cm}^2\text{)}$$

同じように，糸が辺 BC，CA に巻きつくまでに動いてできる部分は，それぞれ半径 6 cm，中心角 120°，半径 3 cm，中心角 120° の扇形になるから，求める面積は

$$27\pi + \pi \times 6^2 \times \frac{120}{360} + \pi \times 3^2 \times \frac{120}{360}$$
$$= \mathbf{42\pi \text{ (cm}^2\text{)}}$$

演習問題B （本冊 *p.*35）

問題5 ① 60° の角を作図するため，OC を 1 辺とする正三角形 OCP の頂点 P を作図する。

② 直線 CP と辺 OY との交点を A とし，C を中心とする半径 CA の円をかく。
この円と，辺 OX との交点のうち，O に近い方を B とする。

③ A と B，B と C，C と A をそれぞれ結ぶ。

[考察] このとき，CA＝CB，∠BCA＝60° であるから，△ABC は正三角形である。

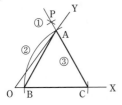

問題6 ① ∠ABC の二等分線と ∠ACB の二等分線を作図して，その交点を I とする。

② I から辺 BC に垂線を引き，辺 BC との交点を H とする。

③ 点 I を中心として，線分 IH を半径とする円をかく。

[考察] このとき，この円は 3 辺 AB，BC，CA に接する。

問題7 △OAM と
△OMD は底辺と高さが等しいから面積も等しい。
△OAM と △OMD の面積の和は正三角形 OCD と等しく，正六角形の面積の $\frac{1}{6}$ となる。

五角形 AMDEF の面積は，正六角形の半分と △AMD の面積の和であるから

$$\frac{1}{2} + \frac{1}{6} = \frac{4}{6} = \frac{2}{3}$$

四角形 ABCM の面積は，正六角形の半分から △AMD をひいた面積であるから

$$\frac{1}{2} - \frac{1}{6} = \frac{2}{6} = \frac{1}{3}$$

よって，五角形 AMDEF の面積は，四角形 ABCM の面積の **2倍** である。

問題8 扇形 PQR は，次の図のように動く。

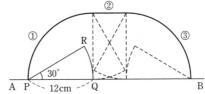

(1) ① と ③ の部分は，半径 12 cm，中心角 90° の扇形の弧で，その長さはそれぞれ

$$2\pi \times 12 \times \frac{90}{360} = 6\pi \text{ (cm)}$$

また，扇形の弧が直線 AB に接しながら動くとき，P と直線 AB の距離は一定であるから，② の部分は AB に平行な弧である。
その長さは，扇形の弧 $\overset{\frown}{QR}$ の長さに等しいから

$$2\pi \times 12 \times \frac{30}{360} = 2\pi \text{ (cm)}$$

したがって，求める長さは

$$6\pi \times 2 + 2\pi = \mathbf{14\pi \text{ (cm)}}$$

(2) ① と ③ の部分は，半径 12 cm，中心角 90° の扇形で，その面積はそれぞれ

$$\pi \times 12^2 \times \frac{90}{360} = 36\pi \text{ (cm}^2\text{)}$$

また，② の部分は長方形で，その面積は

$$2\pi \times 12 = 24\pi \text{ (cm}^2\text{)}$$

したがって，求める面積は

$$36\pi \times 2 + 24\pi = \mathbf{96\pi \text{ (cm}^2\text{)}}$$

第2章　空間図形

1　いろいろな立体 （本冊 p. 40～41）

練習 1

	三角柱	四角柱	正四面体
頂点の数	6	8	4
面の数	5	6	4
辺の数	9	12	6

	正八面体	正十二面体
頂点の数	6	20
面の数	8	12
辺の数	12	30

2　空間における平面と直線 （本冊 p. 42～47）

練習 2　平面がただ1つに決まる場合は
　　　　　　②, ③

①　②

③　④

練習 3 (1)　面 ABCD, AEFB, GCDH は長方形
であるから, 直線 AB と平行な直線は
　　直線 DC, EF, HG

(2)　直線 AE とねじれの位置にある直線は, AE
と同じ平面上にない直線であるから
　　直線 BC, FG, CG, CD, GH

練習 4　①　下の図の直方体において, ℓ と m は
交わり, ℓ∥n であるが, m と n は交わらない。
　②　正しい

③　下の図の直方体において, ℓ と m はねじれの
位置にあり, m と n もねじれの位置にあるが,
ℓ と n はねじれの位置にはない。(ℓ∥n であ
る)
　よって, 正しくない。
　したがって, 正しい記述は　②

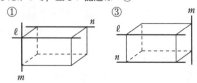

練習 5 (1)　DE∥AB, EF∥BC, FD∥CA
であるから, 平面 ABC と平行な直線は
　　直線 DE, EF, FD
(2)　AD⊥AB, AD⊥AC
BE⊥BA, BE⊥BC
CF⊥CB, CF⊥CA
であるから, 平面 ABC と垂直な直線は
　　直線 AD, BE, CF

練習 6　平面 ABD と直線 CD は垂直であるから,
△ABD を底面と考えたときの高さとなる線分は
　　線分 CD

練習 7　直線 AD は, 平面 ABC, DEF のそれぞれ
と垂直であるから, 平面 ACFD と垂直な平面は
　　平面 ABC, DEF

3　立体のいろいろな見方 （本冊 p. 48～56）

練習 8　底面が半径 5 cm の円で, 高さが 10 cm で
ある円柱

練習 9　半円と半径が等しい **球** になる。

練習10

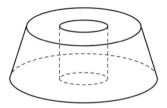

練習11 切り口は **円** になる。

練習12 面 ABCD，AEFB，BFGC は合同な正方形であるから，対角線 AC，AF，FC の長さは等しい。

よって，切り口の三角形は **正三角形**

練習13 (1) 次の図のような三角柱になる。
(2) 次の図のような四角錐になる。

(1) 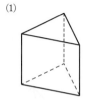　　(2)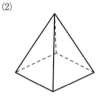

練習14 展開図を組み立ててできる立方体は，右の図のようになるから，面イと平行な面は **面カ**

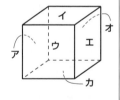

練習15 展開図を組み立てたとき，辺 AB は右の図のような位置にあるから，辺 AB と垂直になる面は **面エ，カ**

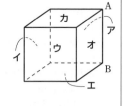

練習16 (1) 展開図を組み立てたとき，点Aと点I，点Iと点G，点Gと点Eが重なるから，点Aに重なる点は
点 E，G，I
(2) 展開図を組み立ててできる正八面体は，右の図のようになるから，面カと平行になる面は **面キ**

練習17 展開図において，2点 A，H を結ぶ線で，線分 BF，CG 上の点を通るもののうち，最も長さが短いのは，線分 AH である。
よって，次の図のようになる。

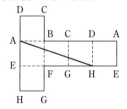

4 立体の表面積と体積 (本冊 *p.*57〜65)

練習18 (1) 底面積は　$6 \times 6 = 36$
側面積は　$(6 \times 4) \times 4 = 96$
よって，表面積は
$36 \times 2 + 96 = \mathbf{168} \ (\mathbf{cm^2})$

(2) 底面積は　$\pi \times 5^2 = 25\pi$
側面積は　$6 \times (2\pi \times 5) = 60\pi$
よって，表面積は
$25\pi \times 2 + 60\pi = \mathbf{110\pi} \ (\mathbf{cm^2})$

練習19 (1) 側面の扇形の弧の長さは
$2\pi \times 3 = 6\pi$
よって，側面積は
$\dfrac{1}{2} \times 6\pi \times 9 = \mathbf{27\pi} \ (\mathbf{cm^2})$

(2) 底面積は　$\pi \times 4^2 = 16\pi$
側面の扇形の弧の長さは　$2\pi \times 4 = 8\pi$
よって，側面積は　$\dfrac{1}{2} \times 8\pi \times 6 = 24\pi$
したがって，表面積は
$16\pi + 24\pi = \mathbf{40\pi} \ (\mathbf{cm^2})$

練習20 (1) 底面が，底辺 8 cm，高さ 3 cm の三角形で，高さが 5 cm の三角柱であるから，その体積は
$\left(\dfrac{1}{2} \times 8 \times 3\right) \times 5 = \mathbf{60} \ (\mathbf{cm^3})$

(2) 底面を 2 つの三角形に分けて考えると，求める体積は
$\left(\dfrac{1}{2} \times 3 \times 4 + \dfrac{1}{2} \times 5 \times 2\right) \times 3 = 11 \times 3$
$= \mathbf{33} \ (\mathbf{cm^3})$

練習21 $\pi \times 4^2 \times 6 = \mathbf{96\pi} \ (\mathbf{cm^3})$

練習22 $\pi \times 5^2 \times \dfrac{120}{360} \times 9 = \mathbf{75\pi}$ **(cm³)**

練習23 (1) 底面が，直角をはさむ2辺の長さが
5 cm と 3 cm の長方形で，高さが 7 cm の四角
錐であるから，その体積は
$$\frac{1}{3} \times 5 \times 3 \times 7 = \mathbf{35} \textbf{ (cm³)}$$

(2) 底面が，直角をはさむ2辺の長さが 6 cm と
10 cm の直角三角形で，高さが 8 cm の三角錐
であるから，その体積は
$$\frac{1}{3} \times \left(\frac{1}{2} \times 6 \times 10\right) \times 8 = \mathbf{80} \textbf{ (cm³)}$$

練習24 $\dfrac{1}{3} \times \pi \times 6^2 \times 5 = \mathbf{60\pi}$ **(cm³)**

練習25 表面積 $4\pi \times 2^2 = \mathbf{16\pi}$ **(cm²)**

体積 $\dfrac{4}{3}\pi \times 2^3 = \dfrac{\mathbf{32}}{\mathbf{3}}\boldsymbol{\pi}$ **(cm³)**

練習26 (1) 半球の体積は
$$\frac{4}{3}\pi \times 5^3 \times \frac{1}{2} = \frac{250}{3}\pi$$
円錐の体積は
$$\frac{1}{3} \times \pi \times 5^2 \times 5 = \frac{125}{3}\pi$$
円柱の体積は
$$\pi \times 5^2 \times 5 = 125\pi$$
したがって，半球の体積は円錐の体積の
2 倍
また，円柱の体積は半球の体積の
$\dfrac{\mathbf{3}}{\mathbf{2}}$ **倍**

(2) 半球の底を除いた表面の面積は
$$4\pi \times 5^2 \times \frac{1}{2} = 50\pi$$
円柱の側面積は
$$5 \times (2\pi \times 5) = 50\pi$$
したがって，**2つの面積は等しい。**

練習27 (1) できる立体は，底面の半径が 8 cm,
高さが 6 cm の円錐であるから，その体積は
$$\frac{1}{3} \times \pi \times 8^2 \times 6 = \mathbf{128\pi} \textbf{ (cm³)}$$

(2) できる立体は，底面の半径が 6 cm, 高さが 8
cm の円錐であるから，その体積は
$$\frac{1}{3} \times \pi \times 6^2 \times 8 = \mathbf{96\pi} \textbf{ (cm³)}$$

練習28 (1) できる立体は，
△ABH を1回転させてで
きる円錐と，長方形
AHCD を1回転させてで
きる円柱を組み合わせたも
のである。

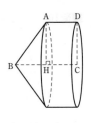

　AH=4 cm, BH=3 cm
であるから，求める体積は
$$\frac{1}{3} \times \pi \times 4^2 \times 3 + \pi \times 4^2 \times 3 = \mathbf{64\pi} \textbf{ (cm³)}$$

(2) できる立体は，
△EBC を1回転させ
てできる円錐から，
△EAD を1回転させ
てできる円錐を除いた
ものである。
よって，求める体積は

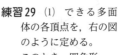

$$\frac{1}{3} \times \pi \times 6^2 \times 8 - \frac{1}{3} \times \pi \times 3^2 \times 4 = \mathbf{84\pi} \textbf{ (cm³)}$$

練習29 (1) できる多面
体の各頂点を，右の図
のように定める。
このとき，四角形
AEFC，ABFD，
BCDE は合同な正方
形であるから，各辺の
長さはすべて等しい。

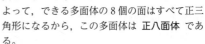

よって，できる多面体の8個の面はすべて正三
角形になるから，この多面体は **正八面体** であ
る。

(2) 求める体積は，正四角錐 ABCDE の体積の2
倍である。
正方形 BCDE の面積は，1辺の長さが 6 cm の
正方形の面積の半分で
$$6 \times 6 \div 2 = 18$$
正四角錐 A-BCDE の高さは
$$6 \div 2 = 3$$
よって，正四角錐 ABCDE の体積は
$$\frac{1}{3} \times 18 \times 3 = 18$$
したがって，正八面体の体積は
$$18 \times 2 = \mathbf{36} \textbf{ (cm³)}$$

問題 1 (1) 求める直線は，直線 AE と同じ平面上にあって，かつ交わらない。

よって，求める直線は

直線 BF，CG，DH

(2) 直線 AD とねじれの位置にある直線は，直線 AD と同じ平面上にない直線であるから

直線 BF，CG，EF，HG

(3) BC⊥AB，BC⊥BF

BC⊥CD，BC⊥CG

よって，直線 BC と垂直な平面は

平面 AEFB，DHGC

問題 2 投影図で表される立体の見取図は，右のようになる。

よって，面の数は **8**

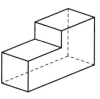

問題 3 (1) 底面積は 4×5＝20

側面積は (4×2＋5×2)×6＝108

よって，表面積は

20×2＋108＝**148 (cm²)**

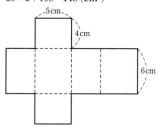

(2) 底面積は π×7²＝49π

側面の扇形の弧の長さは 2π×7＝14π

よって，側面積は

$\dfrac{1}{2}×14π×12＝84π$

したがって，表面積は

49π＋84π＝**133π (cm²)**

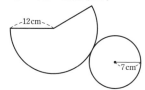

問題 4 できる立体を，底面が △AEN，高さが MA の三角錐として考えると，その体積は

$\dfrac{1}{3}×\left(\dfrac{1}{2}×8×3\right)×5＝\textbf{20 (cm}^3\textbf{)}$

問題 5 球の半径は 3 cm であるから

表面積 4π×3²＝**36π (cm²)**

体積 $\dfrac{4}{3}π×3^3＝\textbf{36π (cm}^3\textbf{)}$

演習問題A （本冊 *p.*67）

問題 1 ① 下の左の図において，ℓ∥P，ℓ∥Q であるが，P と Q は交わっている。

② 正しい

③ 下の右の図において，P は ℓ とも m とも交わらないが，ℓ∥m である。

したがって，正しい記述は ②

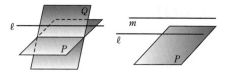

問題 2 (1) 見取図は右の図のようになる。

(2) **正四面体**

(3) **辺 AB**

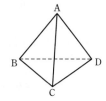

問題 3 展開図を組み立てると，AM と BM，AN と DN がそれぞれ重なり，右の見取図のような三角錐ができる。

このとき，展開図において，CB⊥BM，CD⊥DN であるから，この三角錐の体積は，△AMN を底面，CA を高さとして求めることができる。

AM＝AN＝3 cm で，三角錐の高さは 6 cm であるから，求める体積は

$\dfrac{1}{3}×\left(\dfrac{1}{2}×3×3\right)×6＝\textbf{9 (cm}^3\textbf{)}$

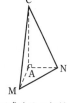

問題4 右の図のように，各点を定め，D から ℓ に引いた垂線の足を H とする。

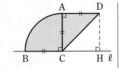

このとき，扇形の部分を回転してできる立体の体積は，半径 6 cm の球の体積の半分で

$$\frac{4}{3}\pi \times 6^3 \times \frac{1}{2} = 144\pi$$

また，△ACD を回転してできる立体は，正方形 ACHD を回転してできる円柱から △CHD を回転してできる円錐を除いたものであるから，その体積は

$$\pi \times 6^2 \times 6 - \frac{1}{3} \times \pi \times 6^2 \times 6 = 144\pi$$

よって，求める体積は

$$144\pi + 144\pi = \mathbf{288\pi} \ (\mathbf{cm}^3)$$

演習問題B （本冊 $p.68$）

問題5 正五角形 12 個と正六角形 20 個の辺の数の合計は

$$5 \times 12 + 6 \times 20 = 180$$

多面体の各辺は，すべて 2 つの多角形の辺を共有しているから，この多面体の辺の数は

$$180 \div 2 = \mathbf{90}$$

問題6 円錐の底面の周は，平面 Q 上で O を中心とする半径 8 cm の円の周上を動く。
この円の周の長さは

$$2\pi \times 8 = 16\pi$$

また，円錐の底面の円周の長さは

$$2\pi \times 2 = 4\pi$$

よって

$$16\pi \div 4\pi = 4$$

したがって，円錐は **4 回転** すると，初めてもとの位置に戻る。

問題7 点 R を通り，底面に平行な平面と，辺 AD，BE との交点を，それぞれ S，T とする。

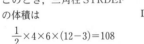

このとき，三角柱 STRDEF の体積は

$$\frac{1}{2} \times 4 \times 6 \times (12 - 3) = 108$$

また，立体 R-SPQT は台形 SPQT を底面，RT を高さとする四角錐である。

よって，四角錐 R-SPQT の体積は

$$\frac{1}{3} \times \left\{ \frac{1}{2} \times (3 + 4) \times 4 \right\} \times 6 = 28$$

したがって，求める立体の体積は

$$108 - 28 = \mathbf{80} \ (\mathbf{cm}^3)$$

問題8 半径 3 cm の球の体積は

$$\frac{4}{3}\pi \times 3^3 = 36\pi$$

円柱形の容器の底面積は

$$\pi \times 6^2 = 36\pi$$

水面の位置が上がった部分の体積は，球の体積に等しい。ここで

$$36\pi \div 36\pi = 1$$

よって，水面の位置は **1 cm** 上がる。

第3章　図形の性質と合同

1　平行線と角 （本冊 *p.*72〜75）

練習1 対頂角は等しいから
$$\angle a = 80°, \quad \angle b = 40°$$
また $\quad \angle c = 180° - (40° + 80°)$
$$= 60°$$
対頂角は等しいから
$$\angle d = \angle c = 60°$$

練習2 $\angle c = 180° - \angle a, \ \angle d = 180° - \angle b$
よって，$\angle a = \angle b$ ならば $\angle c = \angle d$

練習3 (1) 錯角が **70°** で等しい から $\ell /\!/ m$
(2) 平行線の錯角は等しいから
$$\angle x = 80°$$
平行線の同位角は等し
いから，右の図で
$$\angle a = 110°$$
よって
$$\angle y = 180° - 110° = 70°$$

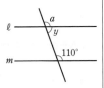

練習4 $\ell /\!/ m$ であるから $\angle a = \angle b$
$\ell /\!/ n$ であるから $\angle a = \angle c$
よって $\angle b = \angle c$
同位角が等しいから $m /\!/ n$

練習5 (1) $\angle x$ の頂点を通り ℓ に平行な直線 n を
引く。
図において，錯角は等しいから
$$\angle a = 51°, \quad \angle b = 38°$$
よって $\quad \angle x = 51° + 38° = 89°$

(2) 図のように，点Pを通り ℓ に平行な直線 n を
引く。
図において，同位角は等しいから
$$\angle a = 46°$$
よって $\quad \angle b = 77° - 46° = 31°$
平行線の錯角は等しいから
$$\angle c = \angle b = 31°$$
したがって $\quad \angle x = 180° - 31° = 149°$

(3) 図のように，点P，Qを通り ℓ に平行な直線
n，n' を引く。
図において，錯角は等しいから
$$\angle a = 31°, \quad \angle b = 31°$$
$\angle b = 31°$ から
$$\angle c = 101° - 31° = 70°$$
図において，錯角は等しいから
$$\angle d = \angle c = 70°$$
$$\angle e = 180° - 70° = 110°$$
よって $\quad \angle x = 31° + 110° = 141°$

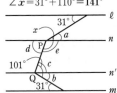

2　多角形の内角と外角 （本冊 *p.*76〜81）

練習6 (1) 三角形の内角の和は 180° であるから
$$\angle x + 70° + 49° = 180°$$
よって $\quad \angle x = 180° - (70° + 49°) = 61°$
(2) 三角形の内角と外角の性質から
$$\angle x = 33° + 48°$$
よって $\quad \angle x = 81°$
(3) 三角形の内角と外角の性質から
$$\angle x + 44° = 84°$$
よって $\quad \angle x = 84° - 44° = 40°$

練習7 (1) 三角形の残りの内角の大きさは
$$180° - (35° + 55°) = 90°$$
よって，1つの内角が直角であるから
直角三角形
(2) 三角形の残りの内角の大きさは
$$180° - (42° + 38°) = 100°$$
よって，1つの内角が鈍角であるから
鈍角三角形

(3) 三角形の残りの内角の大きさは
$$180°-(61°+74°)=45°$$
よって，3つの内角がすべて鋭角であるから
鋭角三角形

練習8 (1) △DEC において，内角と外角の性質
から　∠AED＝68°+43°=111°
よって，△ABE において，内角と外角の性質
から　∠x＝111°-44°=**67°**
(2) 平行線の同位角は等しいから
∠DBC＝48°
よって，△DBC において，内角と外角の性質
から　∠x＝48°+31°=**79°**
(3) 四角形 ABCD に
おいて，辺 DC の延
長と辺 AB との交
点を E とする。
このとき，△AED
において，内角と外
角の性質から
∠DEB＝59°+33°=92°
よって，△CEB において，内角と外角の性質か
ら　∠x＝92°+35°=**127°**

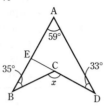

練習9 △BEI において，内角と外角の性質から
∠BEI＋∠BIE＝∠ABI
△JCG において，内角と外角の性質から
∠JCG＋∠JGC＝∠AJC
よって，印をつけた角の大きさの和は，△ABJ の
内角の大きさの和に等しいから
180°

練習10 (1) △ABC において
∠ABC＋∠ACB＝180°-∠BAC
＝120°
∠DBC＝$\frac{1}{2}$∠ABC，∠DCB＝$\frac{1}{2}$∠ACB であ
るから
∠DBC＋∠DCB＝$\frac{1}{2}$(∠ABC＋∠ACB)
＝60°
よって，△DBC において
∠**BDC**＝180°-(∠DBC＋∠DCB)
＝**120°**
(2) 図において
∠ACB＋∠ACF＝180°

∠ACD＝$\frac{1}{2}$∠ACB, ∠ACE＝$\frac{1}{2}$∠ACF であ
るから
∠ACD＋∠ACE＝$\frac{1}{2}$(∠ACB＋∠ACF)
＝90°
すなわち　∠DCE＝90°
△DCE において，内角と外角の性質から
∠DEC＋∠DCE＝∠BDC
よって　∠DEC＋90°=120°
したがって　∠**DEC**＝**30°**

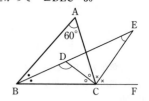

練習11 五角形の内角の和は
$$180°×(5-2)=540°$$
七角形の内角の和は
$$180°×(7-2)=900°$$

練習12 (1) 八角形の内角の和は
$$180°×(8-2)=1080°$$
正八角形の内角の大きさはすべて等しいから，
1つの内角の大きさは
$$1080°÷8=135°$$
(2) n 角形の内角の和が 1440° になるとすると
$$180°×(n-2)=1440°$$
$$n-2=8$$
$$n=10$$
よって　**十角形**

練習13 (1) 多角形の外角の和は 360° であるから
∠x＝360°-(72°+70°+78°+63°)=**77°**
(2) 図において
∠a＝360°-(90°+60°+50°+90°+30°)
＝40°
よって　∠x＝180°-40°=**140°**

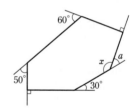

3 三角形の合同 （本冊 *p.* 82～85）

練習14 (1) △ABC≡△DEF

(2) 辺 AB に対応する辺は，辺 DE であるから
$$AB=DE=6\,(cm)$$
また，∠EDF に対応する角は，∠BAC である
から
$$\angle EDF=\angle BAC=30^\circ$$
$$\angle DEF=180^\circ-(\angle EDF+\angle DFE)$$
$$=180^\circ-(30^\circ+90^\circ)$$
$$=60^\circ$$

練習15 図の △ABC と △DEF は
$$AB=DE,\ AC=DF,\ \angle B=\angle E$$
であるが，これら以外の辺や角は等しくない。

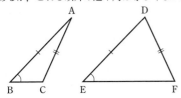

練習16 △ABC と △QPR において
$$AC=QR,\ \angle A=\angle Q,\ \angle C=\angle R$$
よって，1 組の辺とその両端の角がそれぞれ等し
い から △ABC≡△QPR
△DEF と △JLK において
$$DE=JL,\ EF=LK,\ FD=KJ$$
よって，3 組の辺がそれぞれ等しい から
△DEF≡△JLK
△GHI と △NOM において
$$GH=NO,\ GI=NM,\ \angle G=\angle N$$
よって，2 組の辺とその間の角がそれぞれ等しい
から △GHI≡△NOM

練習17 △AOC と △BOD において
$$AO=BO,\ CO=DO$$
また，対頂角は等しいから
$$\angle AOC=\angle BOD$$
よって △AOC≡△BOD
このとき使った合同条件は
2 組の辺とその間の角がそれぞれ等しい

4 証明 （本冊 *p.* 86～92）

練習18 (1) 仮定 △ABC≡△DEF
結論 AB=DE

(2) 仮定 $a=b$
結論 $a+c=b+c$

練習19 (1) 仮定 AM=BM，AB⊥PM
結論 PA=PB

(2) △PAM と △PBM において
仮定から
$$AM=BM \qquad\cdots\cdots ①$$
$$\angle AMP=\angle BMP\ (=90^\circ) \qquad\cdots\cdots ②$$
共通な辺であるから
$$PM=PM \qquad\cdots\cdots ③$$
①，②，③ より，2 組の辺とその間の角がそれ
ぞれ等しいから
$$△PAM≡△PBM$$
合同な図形では対応する辺の長さは等しいから
$$PA=PB$$

練習20 [仮定] AB=AC，∠ABE=∠ACD
[結論] BE=CD
[証明] △ABE と △ACD において
仮定から AB=AC $\quad\cdots\cdots ①$
$$\angle ABE=\angle ACD \qquad\cdots\cdots ②$$
共通な角であるから
$$\angle BAE=\angle CAD \qquad\cdots\cdots ③$$
①，②，③ より，1 組の辺とその両端の角がそ
れぞれ等しいから
$$△ABE≡△ACD$$
合同な図形では対応する辺の長さは等しいから
$$BE=CD$$

練習21 [仮定] $\ell \parallel m$，AO=DO
[結論] BO=CO
[証明] △AOB と △DOC において
仮定から
$$AO=DO$$
$$\cdots\cdots ①$$
対頂角は等しいから
$$\angle AOB=\angle DOC$$
$$\cdots\cdots ②$$

平行線の錯角は等しいから
$$\angle BAO=\angle CDO \qquad\cdots\cdots ③$$
①，②，③ より，1 組の辺とその両端の角がそ
れぞれ等しいから
$$△AOB≡△DOC$$

合同な図形では対応する辺の長さは等しいから
$$BO=CO$$

練習22 ［仮定］ AD＝BC，∠CAD＝∠ACB
［結論］ AB∥DC
［証明］ △ACD と △CAB において
仮定から　　　AD＝CB　……①
　　　　　∠CAD＝∠ACB　……②
共通な辺であるから
　　　　　　　AC＝CA　……③
①，②，③より，2組の辺とその間の角がそれ
ぞれ等しいから
　　　△ACD≡△CAB
合同な図形では対応する角の大きさは等しいか
ら　　　　∠ACD＝∠CAB
したがって，錯角が等しいから
　　　　　　AB∥DC

練習23 ［仮定］ AB＝AC，∠BAC＝90°，
　　　　　　　　　AD＝AE，∠DAE＝90°
［結論］ △ABD≡△ACE
［証明］ △ABD と △ACE において
仮定から　　　AB＝AC　……①
　　　　　　　AD＝AE　……②
また　∠BAD＝∠BAC＋∠CAD
　　　　　　　＝90°＋∠CAD
　　　∠CAE＝∠DAE＋∠CAD
　　　　　　　＝90°＋∠CAD
よって　　∠BAD＝∠CAE　……③
①，②，③より，2組の辺とその間の角がそれ
ぞれ等しいから
　　　　　△ABD≡△ACE

確認問題 （本冊 *p.*93）

問題1 (1) 図において，同位角は等しいから
　　　　　　∠a＝40°
よって　∠x＝180°－(40°＋60°)
　　　　　　＝80°

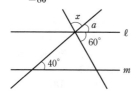

(2) ∠x の頂点を通り ℓ に平行な直線 n を引く。
図において，平行線の錯角は等しいから
　　　　　∠a＝22°
また，∠b＝180°－46°＝134° より，平行線の錯
角は等しいから
　　　　　∠c＝∠b＝134°
よって　∠x＝22°＋134°＝156°

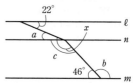

問題2 (1) △AEC において，内角と外角の性質
から　　　∠AED＝30°＋40°＝70°
よって，△DBE において，内角と外角の性質
から　　　∠x＝70°－50°＝20°

(2) △ABD において，内角と外角の性質から
　　　　　∠BDC＝70°＋20°＝90°
よって，△DFC において，内角と外角の性質か
ら　　　　∠x＝30°＋90°＝120°

問題3 (1) 九角形の内角の和は
　　　180°×(9－2)＝1260°
正九角形の内角の大きさはすべて等しいから，
1つの内角の大きさは
　　　1260°÷9＝140°

(2) 正 n 角形の外角の和は 360° で，n 個の外角
の大きさはすべて等しい。
よって，1つの外角の大きさが 30° であるとき
　　　30°×n＝360°
　　　　　　n＝12
したがって　正十二角形

問題4 ［仮定］ AM＝BM，MD∥BC，ME∥AC
［結論］ △AMD≡△MBE
［証明］ △AMD と △MBE において
仮定から　　　AM＝MB　……①
MD∥BC より，同位角は等しいから
　　　　　∠AMD＝∠MBE　……②
ME∥AC より，同位角は等しいから
　　　　　∠DAM＝∠EMB　……③
①，②，③より，1組の辺とその両端の角がそ
れぞれ等しいから
　　　　　△AMD≡△MBE

演習問題A （本冊 p.94）

問題1 (1) 図のように，ℓ に平行な直線 n を引く。

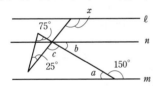

図で $\angle a = 180° - 150° = 30°$
平行線の錯角は等しいから
$$\angle b = \angle a = 30°$$
内角と外角の性質から
$$\angle c = 75° + 25° = 100°$$
平行線の同位角は等しいから
$$\angle x = \angle b + \angle c$$
$$= 30° + 100° = \mathbf{130°}$$

(2) 図のように各頂点を定める。

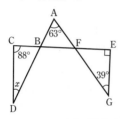

$\triangle EFG$ において，内角と外角の性質から
$$\angle EFA = 90° + 39° = 129°$$
$\triangle ABF$ において，内角と外角の性質から
$$\angle ABF = 129° - 63° = 66°$$
対頂角は等しいから
$$\angle CBD = 66°$$
よって，$\triangle BCD$ において
$$\angle x = 180° - (88° + 66°) = \mathbf{26°}$$

問題2 1つの外角の大きさを $a°$ とすると，内角の大きさは $4a°$
1つの外角と内角の和は $180°$ であるから
$$5a = 180$$
$$a = 36$$
正 n 角形の外角の大きさはすべて等しく，その和は $360°$ であるから
$$36° \times n = 360°$$
$$n = 10$$
よって，この正多角形は **正十角形**

問題3 正五角形 ABCDE の内角の和は
$$180° \times (5-2) = 540°$$
よって，正五角形の1つの内角の大きさは
$$540° \div 5 = 108°$$
E を通り ℓ に平行な直線を引き，3点 F，G，H を右の図のように定めると

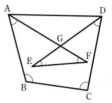

$\angle EAF$
$$= 180° - (30° + 108°) = 42°$$
よって，平行線の錯角は等しいから
$$\angle AEG = 42°$$
$$\angle GED = 108° - 42° = 66°$$
したがって，平行線の錯角は等しいから
$$\angle x = \mathbf{66°}$$

問題4 [仮定] AD＝CE，AB∥FC，BF∥GD
[結論] $\triangle AGD \equiv \triangle CFE$
[証明] $\triangle AGD$ と $\triangle CFE$ において
仮定から $AD = CE$ ……①
AB∥FC より，錯角は等しいから
$$\angle DAG = \angle ECF \quad ……②$$
また，対頂角は等しいから
$$\angle CEF = \angle AEB$$
BE∥GD より，同位角は等しいから
$$\angle ADG = \angle AEB$$
よって $\angle ADG = \angle CEF$ ……③
①，②，③ より，1組の辺とその両端の角がそれぞれ等しいから
$$\triangle AGD \equiv \triangle CFE$$

演習問題B （本冊 p.95）

問題5 (1) 次の図のように各頂点を定め，A と D を結ぶ。

このとき，$\triangle GEF$ と $\triangle AGD$ において
$$\angle GEF + \angle GFE = \angle EGA$$
$$= \angle GAD + \angle GDA$$

したがって，印をつけた角の和は，四角形
ABCD の内角の和に等しいから，その大きさ
は **360°**

(2) 次の図のように各頂点を定め，C と G，D と
F をそれぞれ結ぶ。

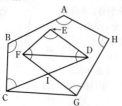

このとき，△FID と △CGI において
$$\angle DFI + \angle FDI = \angle FIC$$
$$= \angle ICG + \angle IGC$$
したがって，印をつけた角の和は，五角形
ABCGH の内角の和と △EFD の内角の和を合
わせたものに等しいから，その大きさは
$$540° + 180° = \mathbf{720°}$$

問題 6 (1) 次の図のように，線分 AB で折る前の
テープのふち上の点を F，G とする。

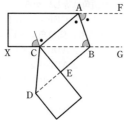

このとき，平行線の錯角は等しいから
$$\angle FAB = \angle ABC = 70°$$
また，折り返した角は等しいから
$$\angle CAB = \angle FAB = 70°$$
よって，△ACB において，内角と外角の性質
から
$$\angle \mathbf{ACX} = 70° + 70° = \mathbf{140°}$$

(2) 次の図のように，AC の延長上の点を H とし，
$\angle ECD = z°$ とすると，折り返した角は等しい
から
$$\angle HCD = z°$$
また，平行線の錯角は等しいから
$$\angle EDC = z°$$
よって，内角と外角の性質から
$$\angle BEC = 2z°$$

$\angle ABC = x°$ であるから　$\angle BAF = x°$
よって　$\angle BAC = \angle BAF = x°$
△ABC において，内角と外角の性質から
$$\angle HCB = 2x°$$
一方　　　$\angle HCB = y° + z°$
よって　　$2x° = y° + z°$
$$z° = 2x° - y°$$
したがって
$$\angle \mathbf{BEC} = 2(2x° - y°)$$
$$= \mathbf{4x° - 2y°}$$

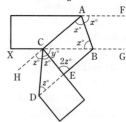

問題 7 [仮定]　$\angle AOB = 90°$，$OA \perp QH$，
　　　　　　　　$OH = OP$

(1) [結論]　$\angle OPA = 90°$
　[証明]　△AOP と △QOH において
　　仮定から　　$OP = OH$　……①
　　A，Q は $\overset{\frown}{AB}$ 上の点であるから
　　　　　　　　$OA = OQ$　……②
　　共通な角であるから
　　　　　　$\angle AOP = \angle QOH$　……③
　　①，②，③ より，2 組の辺とその間の角がそ
　　れぞれ等しいから
　　　　　　　　$△AOP \equiv △QOH$
　　合同な図形では対応する角の大きさは等しい
　　から
　　　　　　　　$\angle OPA = \angle OHQ = 90°$

(2) [結論]　HR = PR
　[証明]　△AHR と △QPR において
　　A，Q は $\overset{\frown}{AB}$ 上の点であるから
　　　　　　　　$OA = OQ$
　　仮定から　$OH = OP$
　　よって　　$OA - OH = OQ - OP$
　　すなわち　$HA = PQ$　　　　……④
　　また，(1) より　$△AOP \equiv △QOH$ であるから
　　　　　　　　$\angle HAR = \angle PQR$　……⑤
　　また
　　　　　　　　$\angle OHQ = \angle OPA = 90°$
　　であるから　$\angle AHR = \angle QPR$　……⑥

④，⑤，⑥ より，1 組の辺とその両端の角が
それぞれ等しいから
$\qquad$ △AHR≡△QPR
合同な図形では対応する辺の長さは等しいか
ら $\quad$ HR＝PR

(3) ［結論］ 半直線 OR は ∠AOQ の二等分線
［証明］ △OHR と △OPR において
仮定から $\qquad$ OH＝OP $\quad$ ……⑦
(2) より $\qquad$ HR＝PR $\quad$ ……⑧
共通な辺であるから
$\qquad$ OR＝OR $\quad$ ……⑨
⑦，⑧，⑨ より，3 組の辺がそれぞれ等しい
から $\qquad$ △OHR≡△OPR
合同な図形では対応する角の大きさは等しい
から $\qquad$ ∠HOR＝∠POR
したがって，半直線 OR は ∠AOQ の二等分
線となる。

第4章　三角形と四角形

1　二等辺三角形 （本冊 p.100〜107）

練習1 (1) AB＝AC であるから

$$\angle B = \angle C$$

よって　　$\angle x = (180° - 54°) \div 2 = \mathbf{63°}$

(2) △ABC において，AB＝AC であるから

$$\angle ACB = (180° - 50°) \div 2 = 65°$$

△DCA において，DA＝DC であるから

$$\angle DCA = 50°$$

よって　　$\angle x = 65° - 50° = \mathbf{15°}$

練習2 [仮定]　AB＝AC，AD⊥BC

[結論]　BD＝CD

[証明]　△ABD と △ACD において

　　AB＝AC　……①

よって

　　$\angle B = \angle C$　……②

AD⊥BC であるから

　　$\angle ADB = \angle ADC = 90°$

　　　　　……③

②，③ により，三角形の残りの角も等しいから

　　$\angle BAD = \angle CAD$　……④

①，②，④ より，1組の辺とその両端の角がそれぞれ等しいから

　　△ABD≡△ACD

合同な図形では対応する辺の長さは等しいから

　　BD＝CD

別解　本問は，あとで学習する「直角三角形の合同条件」を用いると，もう少し簡単に証明できる。

[証明]　△ABD と △ACD において

　　AB＝AC　　　　　　　……①

AD⊥BC であるから

　　$\angle ADB = \angle ADC = 90°$　……②

共通な辺であるから

　　AD＝AD　　　　　　　……③

①，②，③ より，直角三角形の斜辺と他の1辺がそれぞれ等しいから

　　△ABD≡△ACD

合同な図形では対応する辺の長さは等しいから

　　BD＝CD

練習3 ①　残りの角の大きさは

　　　$180° - (60° + 70°) = 50°$

よって，二等辺三角形でない。

②　残りの角の大きさは

　　　$180° - (50° + 80°) = 50°$

よって，二等辺三角形である。

③　残りの角の大きさは

　　　$180° - (30° + 120°) = 30°$

よって，二等辺三角形である。

④　残りの角の大きさは

　　　$180° - (130° + 20°) = 30°$

よって，二等辺三角形でない。

したがって，二等辺三角形であるのは

　　　　　②，③

練習4 [仮定]　△ABC で $\angle A = \angle B = \angle C$

[結論]　AB＝BC＝CA

[証明]　$\angle B = \angle C$ であるから

　　　AB＝AC　……①

また，$\angle A = \angle C$ であるから

　　　AB＝BC　……②

①，②から　AB＝BC＝CA

よって，3つの角が等しい三角形は正三角形である。

練習5 (1) △ABC は正三角形であるから

　　　$\angle C = 60°$

よって，△ADC において

　　　$\angle x = 180° - (80° + 60°) = \mathbf{40°}$

(2) C を通り ℓ に平行な直線 n を引く。

図において，同位角は等しいから

　　　$\angle a = 33°$

△ABC は正三角形であるから

　　　$\angle b = 60° - 33° = 27°$

図において，錯角は等しいから

　　　$\angle x = \mathbf{27°}$

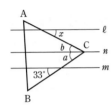

練習6 (1) 逆は「$a+c=b+c$ ならば $a=b$」
$a+c=b+c$ の両辺から c をひくと
$$a=b$$
よって，逆は **正しい**。

(2) 逆は「**△ABC と △DEF の面積が等しいな
らば △ABC≡△DEF**」
△ABC の底辺の長さが 2 cm，高さが 6 cm，
△DEF の底辺の長さが 3 cm，高さが 4 cm の
とき，面積はともに 6 cm² となり等しいが，合
同ではない。
よって，逆は **正しくない**。
反例は「**△ABC の底辺の長さが 2 cm，高さが
6 cm，△DEF の底辺の長さが 3 cm，高さが
4 cm**」

練習7 (1) [仮定] AB=AC，DE∥BC
[結論] AD=AE
[証明] △ABC において，仮定から
$$∠ABC=∠ACB$$
DE∥BC より，同位角は等しいから
$$∠ADE=∠ABC，$$
$$∠AED=∠ACB$$
よって $∠ADE=∠AED$
したがって，△ADE において
$$AD=AE$$

(2) [仮定] AB=AC，AD=AE
[結論] △BCD≡△CBE
[証明] △BCD と △CBE において
AB=AC，AD=AE から
$$DB=EC ……①$$
また $∠DBC=∠ECB ……②$
共通な辺であるから
$$BC=CB ……③$$
①，②，③より，2 組の辺とその間の角がそ
れぞれ等しいから
$$△BCD≡△CBE$$

練習8 △PBR において
$$∠PRQ=∠RPB+∠RBP$$
$$=∠RPB+∠PBA+∠ABR$$
$$=∠RPB+∠ABR+60°$$

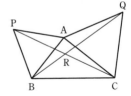

例題 5 の結果により，
$$∠ABR=∠APR$$
であるから
$$∠RPB+∠ABR=∠RPB+∠APR$$
$$=60°$$
したがって $∠PRQ=60°+60°=\textbf{120°}$

練習9 [仮定] △ABC と △ADE は正三角形
[結論] BD=CE
[証明] △ABD と △ACE において
仮定から AB=AC ……①
$$AD=AE ……②$$
また $∠BAD=∠BAC-∠DAC$
$$=60°-∠DAC$$
$$∠CAE=∠DAE-∠DAC$$
$$=60°-∠DAC$$
よって $∠BAD=∠CAE ……③$
①，②，③より，2 組の辺とその間の角がそれ
ぞれ等しいから
$$△ABD≡△ACE$$
合同な図形では対応する辺の長さは等しいから
$$BD=CE$$

2 直角三角形の合同 (本冊 *p.* 108～111)

練習10 △ABC，△EDF，△GIH は，いずれも 3
つの内角の大きさが 90°，35°，55° で，このうち，
△ABC と △GIH は，斜辺の長さも等しい。
したがって，斜辺と 1 つの鋭角がそれぞれ等しい
から $\textbf{△ABC≡△GIH}$

練習 11 ［仮定］ PQ＝PR，∠OQP＝∠ORP＝90°
　　　　［結論］ ∠POQ＝∠POR
　　　　［証明］ △POQ と △POR において
　　　　　　仮定から　　　PQ＝PR　　……①
　　　　　　　　　　　∠OQP＝∠ORP＝90°　……②
　　　　　　共通な辺であるから　　　OP＝OP　……③
　　　　　　①，②，③ より，直角三角形の斜辺と他の 1 辺
　　　　　　がそれぞれ等しいから
　　　　　　　　　　△POQ≡△POR
　　　　　　合同な図形では対応する角の大きさは等しいから
　　　　　　　　　　∠POQ＝∠POR
　　　　　　したがって，OP は ∠XOY の二等分線である。

練習 12 ［仮定］ AB＝BD，∠EAB＝∠EDB＝90°
　　　　［結論］ AE＝DE
　　　　［証明］ B と E を結ぶ。
　　　　　　△ABE と △DBE において
　　　　　　仮定から
　　　　　　　∠EAB＝∠EDB＝90°
　　　　　　　　　　……①
　　　　　　　AB＝DB
　　　　　　　　　　……②
　　　　　　共通な辺であるから
　　　　　　　BE＝BE　……③
　　　　　　①，②，③ より，直角三角形の斜辺と他の 1 辺
　　　　　　がそれぞれ等しいから
　　　　　　　　　　△ABE≡△DBE
　　　　　　合同な図形では対応する辺の長さは等しいから
　　　　　　　　　　AE＝DE

練習 13 ［仮定］ AB＝AC，
　　　　　　　　　∠BAC＝∠BDA＝∠CEA＝90°
　　　　［結論］ BD＋CE＝DE
　　　　［証明］ △ABD と △CAE において
　　　　　　仮定から　　　AB＝CA　　　　　……①
　　　　　　　　　　∠BDA＝∠AEC＝90°　……②
　　　　　　また　　∠ABD＝180°−∠BDA−∠BAD
　　　　　　　　　　　　＝90°−∠BAD
　　　　　　　　　∠CAE＝180°−∠BAC−∠BAD
　　　　　　　　　　　　＝90°−∠BAD
　　　　　　よって　　∠ABD＝∠CAE　　　　……③
　　　　　　①，②，③ より，直角三角形の斜辺と 1 つの鋭
　　　　　　角がそれぞれ等しいから
　　　　　　　　　　△ABD≡△CAE
　　　　　　合同な図形では対応する辺の長さは等しいから
　　　　　　　　　　BD＝AE，AD＝CE
　　　　　　よって　　BD＋CE＝AE＋AD＝DE

3　平行四辺形 （本冊 *p.* 112〜122）

練習 14 ［仮定］ AB＝CD，BC＝DA
　　　　［結論］ ∠ABC＝∠CDA
　　　　［証明］ △ABC と △CDA において
　　　　　　仮定から　　　　　　AB＝CD　……①
　　　　　　　　　　　　　　　　BC＝DA　……②
　　　　　　共通な辺であるから　AC＝CA　……③
　　　　　　①，②，③ より，3 組の辺がそれぞれ等しいか
　　　　　　ら　　　△ABC≡△CDA
　　　　　　合同な図形では対応する角の大きさは等しいから
　　　　　　　　　　∠ABC＝∠CDA

練習 15 ①　［仮定］ 四角形 ABCD は平行四辺形
　　　　［結論］ △ABO≡△CDO
　　　　［証明］ △ABO と △CDO において
　　　　　　　　　　　AB＝CD　　　　　……①
　　　　　　平行線の錯角は等しいから
　　　　　　　　　∠OAB＝∠OCD　……②
　　　　　　　　　∠OBA＝∠ODC　……③
　　　　　　①，②，③ より，1 組の辺とその両端の角が
　　　　　　それぞれ等しいから
　　　　　　　　　　△ABO≡△CDO
　　　　② ① より，合同な図形では対応する辺の長さは
　　　　　　等しいから
　　　　　　　　　AO＝CO，BO＝DO

練習 16 (1)　△BFE において，FB＝FE である
　　　　　　から　　∠EBF＝∠BEF
　　　　　　よって　∠EBF＝(180°−40°)÷2
　　　　　　　　　　　　　＝70°
　　　　　　平行四辺形の対角は等しいから
　　　　　　　　　∠ADC＝∠ABC＝70°
　　　　(2)　AE∥DC より，錯角は等しいから
　　　　　　　　　∠CDE＝∠BED＝30°
　　　　　　DE は ∠ADC の二等分線であるから
　　　　　　　　　∠ADC＝30°×2＝60°
　　　　　　平行四辺形の対角は等しいから
　　　　　　　　　∠ABC＝∠ADC＝60°
　　　　　　また，△AED において，
　　　　　　∠AED＝∠ADE であるから
　　　　　　　　　AD＝AE＝4 (cm)
　　　　　　平行四辺形の対角は等しいから
　　　　　　　　　BC＝AD＝4 (cm)

練習17 [仮定] 四角形 ABCD は平行四辺形，
BE=DF

[結論] AE=CF

[証明] △ABE と △CDF において
仮定から　　BE=DF　　……①
平行四辺形の対辺は等しいから
AB=CD　　……②
平行四辺形の対辺は平行であるから
AB∥DC
平行線の錯角は等しいから
∠ABE=∠CDF　　……③
①，②，③ より，2組の辺とその間の角がそれ
ぞれ等しいから
△ABE≡△CDF
合同な図形では対応する辺の長さは等しいから
AE=CF

練習18 [仮定] 四角形 ABCD は平行四辺形，
△BEC と △CFD は正三角形

[結論] △ABE≡△FDA

[証明] △ABE と △FDA において
平行四辺形の対辺は等しいから　　AB=CD
仮定から　　CD=FD
よって　　AB=FD　　……①
仮定から　　BE=BC
平行四辺形の対辺は等しいから　　BC=AD
よって　　BE=DA　　……②
平行四辺形の対角は等しいから
∠ABC=∠ADC
また，∠CBE=∠CDF=60° であるから
∠ABC+∠CBE=∠ADC+∠CDF
すなわち　　∠ABE=∠FDA　　……③
①，②，③ より，2組の辺とその間の角がそれ
ぞれ等しいから
△ABE≡△FDA

練習19 (1) [仮定] OA=OC，OB=OD

[結論] △ABO≡△CDO

[証明] △ABO と △CDO において
仮定から
OA=OC　　　　……①
OB=OD　　　　……②
対頂角は等しいから
∠AOB=∠COD　……③
①，②，③ より，2組の辺とその間の角がそ
れぞれ等しいから
△ABO≡△CDO

(2) [仮定] OA=OC，OB=OD

[結論] 四角形 ABCD は平行四辺形

[証明] (1)より △ABO≡△CDO であるから
AB=CD
(1)と同様にして，△BCO≡△DAO である
から
BC=DA
よって，四角形 ABCD は，2組の対辺がそれ
ぞれ等しいから，平行四辺形である。

練習20 [仮定] AD=BC，AD∥BC

[結論] 四角形 ABCD は平行四辺形

[証明] △ABC と
△CDA において
仮定から
BC=DA　……①
AD∥BC より，錯角
は等しいから
∠ACB=∠CAD　……②
共通な辺であるから
AC=CA　　　　……③
①，②，③ より，2組の辺とその間の角がそれ
ぞれ等しいから
△ABC≡△CDA
合同な図形では対応する辺の長さは等しいから
AB=CD　　　　……④
①，④ より，四角形 ABCD は，2組の対辺がそ
れぞれ等しいから，平行四辺形である。

練習21 [仮定] △ABC は正三角形，AB∥FG，
BC∥DE，AC∥HI

[結論] DE+FG+HI=2BC

[証明] 四角形 DBGP は，2組の対辺がそれぞれ
平行であるから，平行四辺形である。
したがって　　DP=BG
また，四角形 PICE も平行四辺形であるから
PE=IC
AC∥HI より，同位角は等しいから
∠BHI=∠BIH=60°
よって，△HBI は正三角形であるから
HI=BI
AB∥FG より，同位角は等しいから
∠CFG=∠CGF=60°
よって，△FGC は正三角形であるから
FG=GC

したがって
DE+FG+HI=(DP+PE)+FG+HI
$\qquad$ =BG+IC+GC+BI
$\qquad$ =(BG+GC)+(BI+IC)
$\qquad$ =2BC

練習 22 (1) ［仮定］ 四角形 ABCD は長方形
［結論］ AC＝DB
［証明］ △ABC と △DCB において
仮定から
$\qquad$ AB＝DC，∠ABC＝∠DCB＝90°
共通な辺であるから BC＝CB
よって，2 組の辺とその間の角がそれぞれ等しいから
$\qquad$ △ABC≡△DCB
合同な図形では対応する辺の長さは等しいから AC＝DB

(2) ［仮定］ 四角形 ABCD はひし形
［結論］ AC⊥BD
［証明］ AC と BD の交点を O とする。
△ABO と △ADO において
仮定から AB＝AD，BO＝DO
共通な辺であるから AO＝AO
よって，3 組の辺がそれぞれ等しいから
$\qquad$ △ABO≡△ADO
合同な図形では対応する角の大きさは等しいから ∠AOB＝∠AOD
3 点 B，O，D は一直線上にあるから
$\qquad$ ∠AOB＝∠AOD＝90°
よって AC⊥BD

練習 23 ［仮定］ 四角形 ABCD は長方形
［結論］ △PBC≡△QRC
［証明］ △PBC と △QRC において
四角形 ABCD は長方形で，折り返した辺や角は等しいから
$\qquad$ BC＝RC $\qquad$ ……①
$\qquad$ ∠PBC＝∠QRC（＝90°）……②
また，∠BCP＝90°－∠PCD，
$\qquad$ ∠RCQ＝90°－∠PCD であるから
$\qquad$ ∠BCP＝∠RCQ $\qquad$ ……③
①，②，③ より，1 組の辺とその両端の角がそれぞれ等しいから △PBC≡△QRC
別解 △PBC と △QRC において
四角形 ABCD は長方形で，折り返した辺や角は等しいから

BC＝RC $\qquad$ ……①
∠PBC＝∠QRC（＝90°）……②
また ∠APQ＝∠CPQ
AB∥DC より，錯角が等しいから
$\qquad$ ∠APQ＝∠CQP
よって，∠CPQ＝∠CQP より △CPQ は二等辺三角形であるから
$\qquad$ CP＝CQ $\qquad$ ……③
①，②，③ より，直角三角形の斜辺と他の 1 辺がそれぞれ等しいから
$\qquad$ △PBC≡△QRC

練習 24 ［仮定］ AD∥BC，AB＝DC，
$\qquad$ ∠APB＝∠DQC＝90°
［結論］ BP＝CQ
［証明］ △ABP と △DCQ において
仮定から
$\qquad$ ∠APB＝∠DQC＝90° ……①
AD∥BC であるから
$\qquad$ AP＝DQ $\qquad$ ……②
四角形 ABCD は等脚台形であるから
$\qquad$ AB＝DC $\qquad$ ……③
①，②，③ より，直角三角形の斜辺と他の 1 辺がそれぞれ等しいから
$\qquad$ △ABP≡△DCQ
合同な図形では対応する辺の長さは等しいから
$\qquad$ BP＝CQ

練習 25 ［仮定］ AM＝BM＝CM
［結論］ ∠A＝90°
［証明］ 中線 AM の M を越える延長上に，AM＝DM となる点 D をとる。このとき，四角形 ABDC は，対角線がそれぞれの中点で交わるから，平行四辺形である。
△ABD と △BAC において
$\qquad$ BD＝AC，BA＝AB
また，AM＝BM であるから
$\qquad$ AD＝BC
よって，3 組の辺がそれぞれ等しいから
$\qquad$ △ABD≡△BAC
合同な図形では対応する角の大きさは等しいから ∠ABD＝∠BAC

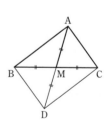

したがって，四角形 ABDC は 4 つの角がすべ
て等しく，長方形である。
よって　　∠A＝90°

4　平行線と面積 (本冊 *p.* 123〜125)

練習26　AD∥BC で，E，F は AD 上の点である
から
　　　　　△EBG＝△DBG，△FGC＝△DGC
よって　　　△EBG＋△FGC＝△DBC
△DBC の面積は，長方形 ABCD の面積の半分で
あるから，求める面積は
　　　　　　50÷2＝**25 (cm²)**

練習27　AM＝MC であるから
　　　　　　△ABC＝2△ABM
また，直線 EF は △ABC の面積を 2 等分するか
ら
　　　　　　△ABC＝2△AEF
よって　　　△ABM＝△AEF
2 つの三角形に共通な △AEM を除くと
　　　　　　△BEM＝△FEM
△BEM と △FEM は辺 EM を共有し，2 点 B，F
は直線 EM に関して同じ側にあるから
　　　　　　EM∥BF

練習28　点 B を通り
AC に平行な直線と直
線 CD との交点を P と
し，点 E を通り AD に
平行な直線と直線 CD
との交点を Q とする。

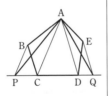

このとき　△ABC＝△APC
　　　　　△AED＝△AQD
であるから，五角形 ABCDE の面積は，
△APQ の面積に等しい。
したがって，上の点 P，Q が求めるものである。
|注意|　解答で示した点 P，Q のとり方は一例で，
これ以外にもとり方は考えられる。

5　三角形の辺と角 (本冊 *p.* 126〜129)

練習29　(1)　辺 CA が最も大きい辺であるから，
最も大きい角は　**∠B**
　(2)　∠C＝180°－(70°＋60°)＝50°
　　　よって，∠C が最も小さい角であるから，最も
小さい辺は　**辺 AB**

練習30　辺 OX に関して
A と対称な点を A′ とし，
線分 A′B と辺 OX の交
点を P とする。
辺 OX 上に P と異なる
点 Q をとると
　　　AP＝A′P，AQ＝A′Q
よって　　　AP＋BP＝A′P＋BP
　　　　　　AP＋BP＝A′B
また　　　　AQ＋BQ＝A′Q＋BQ
△QA′B において，A′Q＋BQ＞A′B が成り立つ
から
　　　　　　AQ＋BQ＞AP＋BP
したがって，上の P が求める点である。

確認問題 (本冊 *p.* 130)

問題1　対頂角は等しいから
　　　　　　∠OPA′＝∠B′PB＝83°
　△OAB≡△OA′B′ であるから
　　　　　　∠A′＝∠A＝90°
　よって　　∠POA′＝180°－90°－83°＝7°
　また　　　∠BOA＝180°－90°－60°＝30°
　したがって　∠***x***＝30°－7°＝**23°**

問題2　(1)　四角形 ABCD は平行四辺形であるか
ら　∠ABC＝180°－∠BAD＝80°
　　　∠ABE＝∠EBC であるから
　　　　∠ABE＝80°÷2＝**40°**
　(2)　平行四辺形の対角は等しいから
　　　∠ADC＝∠ABC＝80°
　　　△CDE において，EC＝DC であるから
　　　　∠CED＝∠CDE＝**80°**
　(3)　(1)から　∠EBC＝40°
　　　錯角は等しいから　∠AEB＝∠EBC＝40°
　　　よって　　**∠BEC**＝180°－(∠AEB＋∠CED)
　　　　　　　　　＝180°－(40°＋80°)
　　　　　　　　　＝**60°**

問題3　四角形 ABCD は平行四辺形であるから
　　　　　OA＝OC　……①
　　　　　OB＝OD
　仮定から　BE＝DF
　また　OE＝OB－BE，OF＝OD－DF
　よって　　OE＝OF　……②
　①，②により，四角形 AECF は，対角線がそれ
ぞれの中点で交わるから平行四辺形である。

問題4 AB∥FC であるから　△ACF＝△BCF
EF∥AC であるから　　　△ACF＝△ACE
AE∥BC であるから　　　△ACE＝△ABE
よって，△ACF と面積の等しい三角形は
　　　△BCF, △ACE, △ABE

演習問題A　(本冊 *p.*131)

問題1　△CDE は正三角形であるから
　　　　　∠CDA＝60°
よって，△ACD において
　　　　　∠**x**＝180°－(60°＋36°)＝**84°**
また，∠ECD＝60° であるから
　　　　　∠ECA＝60°－36°＝24°
AB＝AC より，∠ABC＝∠ACB であるから
　　　　　∠ACB＝(180°－50°)÷2＝65°
よって　　∠**y**＝65°－24°＝**41°**

問題2　P から CH に引いた
垂線の足を K とする。
このとき，四角形 PKHQ
は長方形であるから
　　　　PQ＝KH
△PCK と △CPR において
　　　∠PKC＝∠CRP＝90°
　　　　　　　　　……①
AB∥KP より，同位角は等しいから
　　　∠KPC＝∠ABC
∠ABC＝∠ACB であるから
　　　∠KPC＝∠RCP　　……②
共通な辺であるから　　PC＝CP ……③
①，②，③ より，直角三角形の斜辺と1つの鋭角
がそれぞれ等しいから
　　　　△PCK≡△CPR
合同な図形では対応する辺の長さは等しいから
　　　　CK＝PR
よって　　PQ＋PR＝KH＋CK＝CH

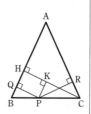

問題3　△ABG と △CBG において
正方形の4辺は等しいから
　　　　AB＝CB　　　　　　……①
線分 BD は正方形の対角線であるから
　　　∠ABG＝∠CBG (＝45°)　……②
共通な辺であるから
　　　　BG＝BG　　　　　　……③

①，②，③ より，2組の辺とその間の角がそれぞ
れ等しいから
　　　　△ABG≡△CBG
合同な図形では対応する角の大きさは等しいから
　　　∠BAG＝∠BCG　　　　……④
AB∥DF より，錯角は等しいから
　　　∠BAG＝∠CFG　　　　……⑤
④，⑤ より　　∠BCG＝∠CFG

問題4　△AEF と △CBF において
折り返した辺や角は等しいから
　　　　AE＝AD
　　　　∠AEF＝∠ADC
平行四辺形の対辺や対角は等しいから
　　　　AD＝CB
　　　　∠ADC＝∠CBF
よって　　AE＝CB　　……①
　　　　∠AEF＝∠CBF　……②
また，対頂角は等しいから
　　　　∠AFE＝∠CFB　……③
②，③ より，三角形の残りの角も等しいから
　　　　∠EAF＝∠BCF　……④
①，②，④ より，1組の辺とその両端の角がそれ
ぞれ等しいから
　　　　△AEF≡△CBF

演習問題B　(本冊 *p.*132)

問題5　(1)　△ABE と △ACD において
仮定から　AB＝AC, AE＝AD
共通な角であるから
　　　　∠BAE＝∠CAD
よって，2組の辺とその間の角がそれぞれ等し
いから
　　　　△ABE≡△ACD
(2)　∠ABC＝∠ACB であるから
　　　　∠ABC＝(180°－30°)÷2＝75°
△ABE≡△ACD より，
∠ABE＝∠ACD であるから
　　　　∠FBC＝∠FCB
よって　∠FBC＝(180°－60°)÷2＝60°
したがって　∠**ABE**＝75°－60°＝**15°**

(3) △ABF と △ACF において
仮定から
$\quad$ AB＝AC $\quad$ ……①
(2)から $\quad$ ∠BFC＝∠FBC＝∠FCB＝60°
よって，△FBC は正三角
形であるから
$\quad$ FB＝FC $\quad$ ……②
共通な辺であるから
$\quad$ AF＝AF $\quad$ ……③
①，②，③ より，3 組の辺
がそれぞれ等しいから
$\quad$ △ABF≡△ACF
ゆえに
$\quad$ ∠BAF＝∠CAF
$\quad\quad$ ＝30°÷2＝15°
∠ABF＝∠BAF であるから，△ABF は
FA＝FB の二等辺三角形である。
よって $\quad$ **AF＝BF＝BC＝2（cm）**

問題6 BF は ∠B の二等分線であるから
$\quad\quad$ ∠DBF＝∠FBC
DE∥BC より，錯角は等しいから
$\quad\quad$ ∠FBC＝∠DFB
よって，∠DBF＝∠DFB であるから
$\quad\quad$ DB＝DF
△EFC について同様に考えると
$\quad\quad$ EC＝EF
したがって，△ADE の周の長さは
$\quad$ AD＋DE＋EA＝AD＋(DF＋FE)＋EA
$\quad\quad\quad\quad$ ＝AD＋DB＋EC＋EA
$\quad\quad\quad\quad$ ＝AB＋AC
$\quad\quad\quad\quad$ ＝7＋9＝**16（cm）**

問題7 D を通り AC に平行な直線と直線 BC と
の交点を F とする。

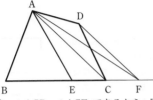

このとき，△ACD＝△ACF であるから，四角形
ABCD の面積は △ABF の面積に等しい。
したがって，上のような点 F に対して，線分 BF
の中点の位置に点 E をとると，直線 AE は四角形
ABCD の面積を 2 等分する。

総合問題

問題1 純平さんの方法：三角定規の直角の角を用いて垂直な直線を引いているのが誤り。

正しい手順は次のようになる。

① 点Aを中心とする円をかき，直線 ℓ との交点をそれぞれ B，C とする。

② 2点 B，C をそれぞれ中心として，等しい半径の円をかく。

③ その交点の1つをDとし，直線 AD を引く。

④ 点Aを中心とする円をかき，直線 AD との交点をそれぞれ E，F とする。

⑤ 2点 E，F をそれぞれ中心として，等しい半径の円をかく。

⑥ その交点の1つをGとし，直線 AG を引く。

このとき，⑥ で作図した直線は，点Aを通り直線 ℓ に平行である。

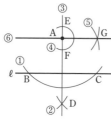

早紀さんの方法：長さを定規の目もりで測っているのが誤り。

正しい手順は次のようになる。

① 直線 ℓ 上に点Bをとる。Bを中心として半径 AB の円をかき，ℓ との交点をCとする。

② A，C を中心として，それぞれ半径 AB の円をかき，2円の交点のうちBでない方をDとする。

③ 直線 AD を引く。

このとき，四角形 ABCD は，4つの辺の長さがすべて等しいから，ひし形である。

ひし形の向かい合う辺は平行である。

したがって，直線 AD と直線 ℓ は平行である。

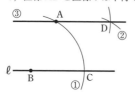

問題2 表から，地点 A，E は観測時刻が等しく，地震発生からの時間と到達距離は比例するため，地点Oとの距離も等しい。

よって，地点Oは線分 AE の垂直二等分線上にあると考えられる。

地点 D，H の観測時刻も等しいから，同様に線分 DH の垂直二等分線を引く。

2本の垂直二等分線の交点が，震源地と考えられるから，震源地は図の点Oであると推定される。

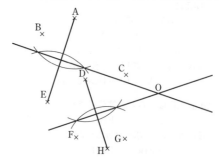

また，地震発生時刻を推定するためには，震源地Oからの距離，たとえば，線分 OC，OG の長さを調べればよい。

実際，線分 OC，OG を定規で測ると，長さの比はおよそ 2：3 であるため，到達時間の比も 2：3 となるはずである。

到達時間の差は 2 秒のため，地震発生から到達までの時間はそれぞれ 4 秒，6 秒となる。

したがって，地震発生時刻は地点Cで地震が観測される 4 秒前の，**9 時 17 分 33 秒** と推定される。

問題3 (1) 影の形の図は，右のようになる。

よって，この立体は角柱または円柱であると考えられる。

したがって **ア，イ，エ**

(2) 例：真横から光を当てると影は円

真横から光を当ててできる影の形を加えると，図は次のようになる。

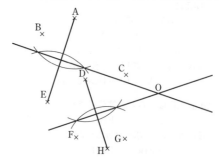

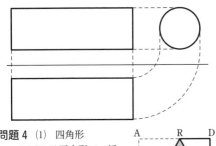

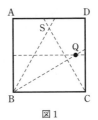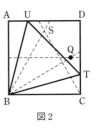

図1　　　　　図2

問題4 (1) 四角形
ABCD は正方形で, 折
り返した辺や角は等しい
から

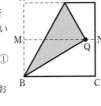

$AB=QB$　　……①

$\angle ABR=\angle QBR$

△AMQ と △BMQ にお
いて

$MQ=MQ$　　　　……②

$AM=BM$　　　　……③

$\angle AMQ=\angle BMQ=90°$　……④

②, ③, ④ より,
2 組の辺とその間の角が
それぞれ等しいから

△AMQ≡△BMQ

よって　$AQ=BQ$

　　　　……⑤

①, ⑤ から

$AB=AQ=BQ$

ゆえに, △ABQ は 3 辺が等しいから正三角形
である。

このとき, $\angle ABQ=60°$ であるから

$\angle ABR=\angle QBR=30°$

よって　　$\angle RBC=90°-\angle ABR=60°$

ゆえに　　$\angle SBC=60°$

同様に　　$\angle SCB=60°$

三角形の内角の和は 180° であるから

$\angle BSC=180°-\angle SBC-\angle SCB$

$=180°-60°-60°=60°$

したがって, △SBC は正三角形である。

(2) (手順)

図1：頂点CがSに重なるように折ると, BQ
に折り目ができる。

図2：頂点CがQに重なるように折ると, BT
が折り目となり, 頂点AがSに重なるよ
うに折ると, BU が折り目となる。
このとき, △BTU は正三角形となる。

(証明) (1)から

$\angle ABS=\angle SBQ=\angle QBC=30°$

BU, BT はそれぞれ $\angle ABS$, $\angle CBQ$ の二等分
線であるから

$\angle UBS=\dfrac{1}{2}\angle ABS=15°$

$\angle TBQ=\dfrac{1}{2}\angle QBC=15°$

よって

$\angle TBU=\angle UBS+\angle SBQ+\angle TBQ$

$=15°+30°+15°=60°$

△UAB と △TCB において

$AB=CB$　　　　　　……①

$\angle UBA=\angle TBC=15°$　　……②

$\angle UAB=\angle TCB=90°$　　……③

①, ②, ③ より, 1 組の辺とその両端の角がそ
れぞれ等しいから

△UAB≡△TCB

よって, △BTU は $BU=BT$ の二等辺三角形
である。

頂角($\angle TBU$) は 60° であるから, 底角も 60°
となる。

したがって, △BTU は正三角形である。

また, C, T はどちらも辺 CD 上にある。

よって, C を, B から直線 CD に引いた垂線の
足と考えると　　$BT>BC$

したがって, △BTU は, △SBC より大きな正
三角形である。

[参考] 正方形の中に作られる正三角形のうち, (2)
で作られた三角形が最大のものである。

問題5 (1) 長方形の定義は「4 つの角が等しい四
角形を長方形という」である。

よって　①

(2) 黒板にかいてある情報は角度の情報だけであ
り, 4 つの角が等しいという情報から直接わか
るのは, 2 組の対角がそれぞれ等しいというこ
とである。

よって　⑥

(3) ひし形の定義は「4つの辺が等しい四角形を
ひし形という」である。
よって ②

(4) 4つの辺が等しいという情報から直接わかる
のは，2組の対辺がそれぞれ等しいということ
である。
よって ⑤

(5) 正方形の定義は「4つの角が等しく，4つの
辺が等しい四角形を正方形という」である。
よって ③

以下は，前見返しに掲載されている問題の答です。

小学校の復習問題

問題 1 (1) 15 cm² (2) 28 cm²
(3) 30 cm² (4) 120 cm²

問題 2 表面積 108 cm² 体積 72 cm³

問題 3 282 cm³

ISBN978-4-410-20582-8

新課程
体系数学 1　幾何(上)　解答編

20582A

数研出版
https://www.chart.co.jp